KB249169

맛있는 크루아상은
어떻게 만들어지는가?

크루아상의 기술

Contents

048

라 비에 엑스퀴즈

/

버터에 지지 않는
밀가루의 강력한 풍미가 매력

052

불랑주리 르보와

/

입안에서 생지가 사르르 녹아,
버터의 풍미와 단맛이 가득 퍼진다

056

르 쾨르

/

층 하나하나를 굽는 감각으로,
거칠게 부서지는 바삭한 식감을 만든다

060

봉 비방

/

볼륨감이 풍부한
빵집다운 크루아상

064

라 불랑주리 카롱

/

쫄깃함과 바삭함의 대비되는
식감을 즐길 수 있다

068

불랑주리 이아낙!

/

씹는 식감과 생지의 맛을
제대로 즐길 수 있는 크루아상

072

불랑주리 셀 오 블레

/

다음 날에도 맛과 식감이
유지되는 크루아상

076

불랑주리 이에나

/

기본을 지키면서도
작업성을 고려한 제법

080

브로트랜드

/

버터 냄새를 줄이고
단맛을 살린 크루아상

084

푸르쿠아

/

층층이 살아 있는 겉과
쫄깃한 속

088
불랑주리 에즈 블루

버터의 온도 관리에
주의하며 늘린다

092
후지산 용암가마에 구운 season factory 팡노미

일본산 밀의 감칠맛을 살려
오랫동안 사랑받는 크루아상

096
불랑주리 브레 방트

버터보다 밀가루의 풍미가 짙은 생지

100
베이커리 카페 므슈 이방

맷돌로 빻은 밀가루를 배합하여
특색 있는 식감과 맛을 낸다

104
고나히키도

표준 레시피에
재료로 개성을 표현한다

108
블랑주리 루크

이스트가 아닌 버터의 힘으로
볼륨감을 만든다

112
불랑주리 푸 부

사르르 녹는 버터의 향과
가벼운 식감

116
아르티장 불랑제 알폰소

잘 부풀고
입안에서 사르르 녹는 생지

120
불랑주리 파피 빵

프랑스 인기 빵집의
크루아상 맛을 전한다

124
불랑주리 아비앙또

주변이 지저분해지지 않아
먹기 편한 크루아상

이 책을 읽기 전에

이 책은 먼저 각 베이커리의 크루아상과 크루아상 생지로 만든 응용 빵을 소개하고,
다음 페이지에 배합과 제법, 만드는 이의 철학을 설명하고 있다.

배합은 베이커스퍼센트(Baker's percent)로 표기한다.

제법은 가게의 표기에 따라 기입한다.

크루아상의 배합과 제법은 2008년 2~4월에 취재한 것이다.
계절이나 기온에 따라 배합과 제법은 달라진다.

크루아상은 버터를 접을 때 생지를 차갑게 하면서 작업하는 것이 기본이다.
상황에 따라 생지를 차갑게 만드는 데 시간 차이가 날 수 있으므로, 차갑게 만드는 시간은 기준으로 삼는다.

책의 마지막 부분인 〈크루아상 밀가루 가이드〉, 〈크루아상 유지 가이드〉에서는 재료에 대한 소개를 하고 있다.
이 책을 일본에서 초판 발행했을 때(2008년 5월)는 업소용뿐만 아니라
가정용 버터까지도 품귀현상이 계속되던 상태였다. 따라서 유지 가이드가 충분하지 못하다.

가게 정보는 2008년 4월 기준이다.

크루아상의 기술

라르테

d'UNE raretÉ
듀느 라르테

총괄 셰프 스기쿠보 아키마사

어느 부분을 먹어도 바삭하고 촉촉한 크루아상

버터의 풍미와 바삭한 식감이
고르게 나도록 만든
개성파 스타일의 크루아상.
고정관념을 깬 독자적인 제법으로
새로운 크루아상을 선보이고 있다.

ⓟPoint
_표면 전체에 균일한 층을 만드는 독자적인 성형
_페이스트리여서 발효는 하지 않는다.

◇ **Variation** ◇

발단

코코아 생지 사이에 발
사믹식초로 볶은 우
엉, 베이컨, 크렘 에페스
(Creme epaisse, 발효생크
림)를 넣어 굽는다.

쇼코트레퓰

오리지널 팽 오 쇼콜라.
컵 모양의 코코아 생지
에 직접 만든 가나슈를
넣는다.

바그 오리엔탈

단호박을 베이스로 하고
베이컨이나 가지 등을
넣은 카레퓨레. 아래에는
감칠맛이 나는 타프나드
를 깔아 생지로 만다.

장봉 프로마주

직접 만든 베샤멜 소스,
로스햄, 파르메산 치즈를
생지로 만, 식사로도 제
격인 크루아상.

라르테

배 합

F(쇼와산업) 100%
사프 인스턴트드라이이스트 2%
소금(정제염) 1.6%
그래뉴당 6.5%
우유 59%
충전용 버터
무염파운드버터(모리나가유업) 60%

제 법

1. 믹싱　　저속 2분 30초
　　　　　반죽 온도 5℃
2. 냉동　　냉동실에 하룻밤 넣어둔다.
3. 접기　　생지를 밀어 버터를 감싼다. 3절 접기 3회. 매회 냉동실에 20분 정도씩
　　　　　넣는다. 최종 두께는 3mm이다.
4. 자르기·성형　9.5cm×10.5cm의 직사각형으로 자르고, 표면 전체에 층이 생기도록
　　　　　성형한다.
5. 굽기　　180℃의 컨벡션 오븐에 생지를 넣고, 165℃로 내려 20분

기 기

믹서 …… SK믹서 버티컬 믹서
오븐 …… 파바이에 컨벡션 오븐

최고의 맛을 위한 독자적인 성형

'듀느 라르테'의 크루아상을 보고, 먼저 독창적인 모양에 놀라는 사람들이 많다. 표면 전체를 덮은 수많은 층이 좋은 식감을 상상하게 한다. 이런 모양과 더불어 독자적인 제법으로 만든 크루아상 '라르테'에는 스기쿠보 아키마사 셰프만의 특별함이 있어, 팬층이 두텁다.

과자, 요리, 빵 모든 장르를 공부한 스기쿠모 셰프는 '미식의 가치가 있는 빵'을 추구한다. 프랑스에서 견습할 때 접한 가스트로노미(Gastronomy, 미식학)로부터 영향을 받아, 빵 만들기에 있어서도 먼저 기본적인 제빵 이론을 철저히 공부한 후 보다 좋은 맛을 위해 신제법을 연구하였다.

그 결과 중 하나는 독자적인 성형이다. 정통적인 초승달 모양의 경우 양 끝은 바삭하지만 버터의 촉촉함이 없고, 가운데는 촉촉하지만 바삭하지 않아 맛이 균일하지 않다. 즉, 어느 부분을 먹어도 바삭한 식감과 버터의 풍미를 함께 맛볼 수 있는 모양이 아니라고 생각했다. 팽 오 레잔(Pain aux raisins)과 같이 마는 횟수가 많은 성형은 전체적으로 층이 균일하지만 구웠을 때 버터가 바닥으로 새어나오게 된다. 수없이 많은 시행착오 후, 버터가 새어나오지 않게 바닥은 평평하고 표면은 균일한 층으로 완성되는 현재의 성형에 이르게 되었다.

굽기 직전까지 발효를 억제하여
바삭한 식감을 만든다

일본은 크루아상의 바삭한 층을 중요시하는 데 반해, 프랑스는 층을 만드는 것보다 버터를 먹을 수 있다는 점을 중시한다. 스기쿠모 셰프는 그런 양면을 겸비한, 버터는 촉촉하면서도 밀키한 맛을 내고 식감 또한 즐길 수 있는 크루아상을 목표로 한다.

'듀느 라르테'에서 사용하는 밀가루는 쇼와산업의 'F'이다. 크루아상에 사용하는 밀가루는 버터를 돋보이게 해주는 것이 이상적이다. 밀의 맛이 너무 강한 밀가루는 버터의 풍미를 해친다는 관점에서 버터의 풍미를 살려주는 밀가루를 선택했다.

또한 크루아상에 중요한 역할을 하는 버터는 모리나가유업의 무염버터를 사용한다. 수분량이 적어 품질이 안정적이기 때문에, 특히 크루아상의 충전용 버터로 제격이다.

스기쿠모 셰프는 '크루아상은 페이스트리'라고 생각하므로, 생지는 발효실에 넣지 않고 굽기 직전까지 가능한 발효를 억제한다. 식감이 바삭해지려면 글루텐을 되도록 만들지 않아야 하기 때문에 밀가루부터 우유까지 모든 재료를 차갑게 해두고, 믹싱은 재료 전체가 섞이는 정도에서 멈춘다. 다음 날 접기 작업을 하기 위해 믹싱 때 생긴 글루텐을 약하게 하고, 이스트의 반응을 억제하려는 목적으로 생지는 냉동실에 넣어 얼린다.

접기는 15℃로 설정한 파이실에서 작업한다. 파이롤러 등의 기기도 파이실 안에 있으므로 여름에도 작업성이 떨어지지 않아 안정된 생지를 만들 수 있다.

성형 후에는 발효실에 넣지 않고 곧바로 굽는다. '듀느 라르테'의 오븐은 프랑스 파바이에사의 컨벡션 오븐이다. 열풍을 오븐 내에 순환시키며 굽기 때문에 골고루 구워져, 크루아상 굽기에는 안성맞춤이다.

이런 제법으로 구운 '라르테'는 버터가 촉촉하게 감돌고 층 한 장 한 장이 바삭하게 완성된다. 또한 손으로 깔끔하게 잘려 먹기 좋다는 장점도 있다.

크루아상

金麦

긴무기

오너 셰프 이토 유이치

울퉁불퉁하게 성형하고, 색이 확실하게 대비되도록 굽는다

확실한 구운 색과 층 한 장 한 장을
촉촉하게 해주는 제법으로 만든
'긴무기'의 크루아상.
울퉁불퉁한 초승달 모양은
셰프만의 크루아상을 상징하는 것이다.

ⓟoint

_우유를 넣어 발효버터의 풍미를 살린다.
_높이감이 있는 초승달 모양으로 성형하고, 진한
색으로 먹음직스럽게 굽는다.

◇ **Variation** ◇

크루아상 자포네

시트형 크루아상 생지에 단팥을 바르고, 고구마와 완두콩단조림을 넣어 만다. 위에 흑설탕과 콩가루를 뿌린다.

치킨파이

닭고기를 쪄서 참깨마요네즈와 볶은 참깨로 버무리고, 크루아상 생지에 올려 굽는다.

쇼콜라

프랑스산 바통쇼콜라 3개를 생지에 올려 만다. 단맛이 억제된 크루아상 생지가 초콜릿과 잘 어울린다.

햄치즈 크루아상

카망베르 치즈와 로스햄을 크루아상 생지로 말고, 위에 치즈를 뿌려 굽는다.

배 합

리스도르(닛신제분) 85%

골든요트(닛폰제분) 15%

생이스트 3.5%

소금(하카타 소금) 2%

삼온당 5%

몰트엑기스 0.2%

우유 60%

충전용 버터

발효시트버터(메이지유업) 46%

제 법

1. 믹싱	저속 4분
	반죽 온도 25~26℃
2. 대분할	2500g씩 크게 나눠 생지를 잘 뭉친다.
3. 1차 발효	온도 28℃, 습도 70%에서 1시간 10분 발효시킨다.
	펀치를 한 후 냉동실에 1시간 둔다.
	균일한 두께로 만들어 냉동실에 20분 넣어둔다.
4. 접기	롤러로 생지를 늘리고 버터를 사방에서 감싼다.
	3절 접기를 3회 실시하고, 매회 냉동실에서 40~50분 휴지시킨다.
5. 자르기·성형	생지를 5mm 두께로 늘리고 17.5cm 폭의 직사각형으로 잘라 40~50분 휴지시킨 후, 롤러로 3mm 두께로 늘린다.
	이등변삼각형으로 자르고(1개 42g) 층이 눌리지 않도록 가볍게 만 후 (좌우에 각각 4개의 층이 생긴다) 양 끝을 안쪽으로 구부려 성형한다.
	냉동실에 하룻밤 그대로 둔다.
6. 최종 발효	상온에 1시간 그대로 둔 후 온도 30℃, 습도 75%에서 1시간 40분
7. 굽기	전란을 솔로 바르고 윗불 270~280℃, 아랫불 210~220℃에서 8분

기 기

믹서 …… SK믹서 버티컬 믹서

오븐 …… 에이와제작소 전기오븐

우유를 넣어 발효버터의 풍미를 살린다

유명 호텔의 베이커리에서 경험을 쌓은 이토 유이치 오너 셰프는 처음 먹었던 호텔 크루아상을 지금도 잊지 못한다고 한다. 그때 느꼈던 맛을 자신만의 기술로 만든 것이 여기서 소개하는 크루아상이다. 겉은 바삭한 식감으로 퍼석거리지 않고, 음료수 없이도 먹을 수 있을 정도로 촉촉하지만 그렇다고 설익은 느낌은 없다. 이것이 이토 셰프가 추구하는 크루아상이다.

밀가루는 프랑스빵 전용 밀가루인 '리스도르'를 메인으로 사용하는데, 바삭하면서도 입안에서 살짝 녹는 듯한 식감을 만든다.

배합의 특징이라면, 물 대신 우유를 사용한다는 점이다. 우유의 풍미와 향, 맛을 보다 잘 내기 위해 우유를 듬뿍 넣었다. 또한 달걀을 일절 넣지 않는 것은 발효버터의 풍미를 살리기 위해서다. 대니시 생지에는 달걀을 넣지만, 크루아상은 버터의 풍미를 살리기 위해 사용하지 않는다는 것이 대니시 생지와 다른 점이다.

완전히 발효되기 직전에 생지를 꺼내, 촉촉한 식감을 살린다

'긴무기'에서는 믹싱 후에 생지를 크게 4등분으로 분할하고, 1시간 넘게 확실히 발효시킨다. 그다음, 생지를 휴지시키는 동시에 작업시간을 조절한다는 의미에서 1시간 이상 냉동실에 넣어둔다.

접기는 3절 접기를 총 3회 하고, 접을 때마다 냉동실에서 40~50분간 휴지시킨다.

접기 작업 중에는 생지가 퍼지지 않도록 신경 써야 한다. 접기 작업을 할 때마다 냉동실에 넣고 휴지시켜가면서 접으면, 마지막까지 생지가 느슨해지지 않고 탄탄한 이상적인 생지를 만들 수 있다.

'긴무기'에서 크루아상을 만드는 데 있어서 가장 큰 포인트는 성형과 굽기이다.

이토 셰프의 크루아상은 요즘 한창 주류인 직선 모양이 아닌 정통적인 초승달 모양이다. 또한 마는 횟수도 많다. 중앙에서 좌우로 각각 4번씩 말려 있다. 마는 방법도 중요한데 너무 꽉 말면 층이 눌릴 수 있으므로 최대한 가볍게, 높이감이 생기도록 하여 만다. 이런 모양을 만들기 위해서는 노하우가 필요하다고 이토 셰프는 말한다.

"표면이 울퉁불퉁해지도록 말아 성형하는 것이 목적이다. 꽉 말면 굴곡이 없고 평평한 모양이 되고 만다. 그렇게 되면, 전체가 고르게 구워져 색의 대비가 생기지 않는다." 이런 '색의 대비'로 크루아상은 더욱 맛있어 보인다.

또한 호텔 크루아상의 트렌드에 따라 '초승달' 모양을 선택하였다.

"나만의 크루아상을 상징하는 모양. 이것을 보고 나의 빵이라고 알아채는 사람도 있다. 앞으로도 이 모양을 계속 고수하고 싶다."

또 하나의 포인트는 굽는 방법이다. 이토 셰프가 추구하는, 겉의 바삭함과 속의 촉촉함을 위해 수분이 약간 남도록 굽는다.

고온·단시간에 굽는 것은 겉을 보다 바삭하게 만들기 위해서이다. 그리고 촉촉함을 살리려면 최종 발효 때 완전히 발효되기 직전에 생지를 발효실에서 꺼내야 한다. 완전히 발효되면 속의 기포 크기가 커져 구울 때 열이 잘 통과되기 때문에 필요 이상으로 수분이 증발되어 촉촉함이 줄어든다. 완전히 발효되기 일보 직전에 생지를 꺼내 구우면, 층 한 장 한 장이 알맞게 촉촉해진다.

크루아상 앤티크

Boulangerie Benoiton
불랑주리 브누아통

셰프 야마구치 나쓰코

겉에 층이 보이는 개성적인 까마귀 모양

가벼우면서도 포만감이 느껴지는
볼륨감과 바삭함을 만들기 위해,
날개를 펼친 까마귀의 모양이 되도록
양 끝의 층이 겉으로 보이게 성형해 굽는다.

Point

_ 버터의 단단함을 균일하게 한다.
_ 생지의 끝에서 끝까지 버터가 잘 퍼지도록 한다.

◇ **Variation** ◇

맷돌 크루아상	다망드 후뤼이
맷돌로 빻은 하루유타카를 40% 사용한다. 일본산 밀의 특징을 살려 쫄깃한 식감과 밀가루의 풍미를 즐길 수 있다.	달콤한 건조과일을 넣은 아몬드크림을 크루아상 위에 올린다. 주말한정 상품으로 예약이 필수일 정도로 인기가 많다.

크루아상 앤티크

배 합

도쿠아카난텐(다이이치제분) 70%

홋카이도(다이이치제분) 30%

드라이이스트 1%

설탕(가고시마현산 기카이시마 굵은 설탕) 5%

칸호아 소금(베트남산) 1.8%

무염버터(요츠바유업) 10%

저온살균유(단나) 30%

물 32.5%

충전용 버터

시트버터(요츠바유업) 50%

제 법

1. 믹싱   저속 4분
반죽 온도 21~22℃

2. 1차 발효   25℃의 상온에 90~120분, 펀치를 하여 -20℃의 냉동실에 하룻밤 그대로 둔다.

3. 접기   롤러로 생지를 늘려 버터를 감싼다.
3절 접기를 3회 하고 냉동실에 40분~1시간 넣는다.
두 번째 접기를 완료한 후 냉동실에서 30~40분 휴지시킨다.

4. 분할   생지를 3등분 하고, 냉동실에 1시간 넣는다.

5. 자르기·성형   생지를 5mm 두께로 밀어 냉동실에 다음 날까지 넣어둔 후, 1개를 45~50g의 밑변 8cm, 높이 15cm의 이등변삼각형으로 자른다.
끝부분이 생지 바닥에 오도록 만다.

6. 최종 발효   온도 25~26℃, 습도 80%에서 2~3시간

7. 굽기   윗불·아랫불 180℃에서 15~20분

기 기

믹서 …… 아이코제작소 버티컬 믹서

오븐 …… 규덴샤 일반오븐

까마귀 모양으로 외관과 식감에 임팩트를 준다

재료를 엄선하여 일본산 밀과 외국산 호밀을 블렌딩하여 만드는 '브누아통'의 크루아상. 밀가루는 외국산 호밀인 '도쿠아카난텐'과 홋카이도산의 '홋카이도', 설탕은 가고시마현산의 '기카이시마 굵은 설탕' 등 지역 특산품을 사용한다. 손님이 안심하고 먹을 수 있는 상품을 매일매일 선보이고 있다.

우선 눈에 띄는 점은 크루아상의 모양이다. 까마귀가 날개를 펼친 모습으로 양 끝의 층이 겉으로 보이도록 굽는데, 이것은 바삭한 식감으로 만들기 위해서이다. 제대로 구우면 속은 촉촉하고 이외의 부분은 바삭하게 완성되어 가볍지만 포만감이 느껴지는 볼륨이 생긴다.

세심하게 신경 쓰고 있는 점은 온도 관리와 그날의 재료 상태에 맞는 발효 방식의 조절이다. 접을 때 버터가 녹지 않도록 접이용 파이롤을 사용하고 온도 관리를 철저히 한다. 크루아상의 풍미나 내상(속) 등, 완성도의 절반 이상이 발효 단계에서 결정 난다고 야마구치 셰프는 생각한다.

또한 충전용 버터는 손가락에 힘을 줘 눌렀을 때 들어갈 정도의 단단함으로 균일하게 만드는 것이 포인트이다. 이렇게 하면 버터를 감싸서 늘릴 때 생지의 끝에서 끝까지 버터가 균일하게 퍼지게 되고 구울 때도 버터와 생지의 층이 보기 좋게 완성되어, 식감도 좋아지고 버터의 풍미도 전체에 고르게 퍼진다.

아침 식사용 크루아상의 판매율이 높아, 하루 150~160개를 굽는다. '브누아통'의 인기상품은 점심시간 때쯤 다 팔리고, 오후 상품도 곧 품절될 정도로 인기가 많다.

버터의 단단함에 따라 성형법을 조절한다

글루텐이 강해지지 않도록 저속으로 4분간 믹싱한다. 반죽 온도는 21~22℃로 생지를 작업하기 적당한 온도이다. 공정에서 가장 중요한 포인트는 완성도를 크게 좌우하는 1차 발효이다. 우선 25℃의 상온에서 90~120분간 발효시킨다. 이후, 생지에 볼륨이 생기도록 펀치를 한다. 이렇게 하면 이스트의 발효가 억제되고 생지가 잘 느슨해지지 않는다. 그대로 -20℃의 냉동실에 하룻밤 넣어둔다.

다음 날 아침, 생지를 3~4℃의 냉장고로 옮겨 단단한 정도를 알맞게 만들고, 접기 작업에 들어간다. 롤러로 생지를 12mm 두께로 늘려 충전용 시트버터를 감싼다. 이때 버터의 단단한 정도를 균일하게 만들어 생지 끝에서 끝까지 버터가 잘 퍼지도록 감싸고 늘리는 것이 중요하다. 7mm 두께로 3절 접기를 2회 한 후, 접기 수월하고 보기 좋은 층이 만들어지도록 냉동실에 30~40분간 넣어 생지를 차게 만든다. 그 후 7mm 두께로 3절 접기를 한 번 더 한 후, 냉동실에서 차게 만들고 3등분 하여 다시 냉동실에 넣는다. 생지를 5mm 두께로 늘려 냉동실에 다음 날 아침까지 넣어둔다.

그다음 성형을 하는데, 성형 방법이 독특하다. 까마귀가 날개를 펼친 모양이 되도록, 밑변에서부터 만 후 양 끝부분을 생지 바닥 쪽으로 한 번 구부린다. 이렇게 하면 양 끝의 층이 벌어지면서 개성 있는 모양이 된다. 윗불·아랫불 180℃의 오븐에서 15~20분간 구워 바삭한 식감을 만든다.

크루아상

Le Ressort

르 르소르

대표 시미즈 셴코

먹은 후에 묵직함이 느껴지지 않아 부담감이 없다

❶oint

_ 접기를 꼼꼼하고 빠르게 작업하여
  보기 좋은 층을 만든다.
_ 발효생지를 배합하여 빵과 같은 식감을 만든다.

◇ **Variation** ◇

쇼콜라 바나느	**팽 오 쇼콜라**	**크루아상 자망드**	**팽 오 레잔**
생지로 바나나, 초콜릿, 캐러멜크림을 감싸고 아몬드크림을 발라 굽는다. 마치 디저트와 같은 섬세한 맛을 가진다.	생지로 벨기에 벨코라도 (Belcolade)사의 초콜릿 2개를 감싼다. 쓴맛과 단맛의 밸런스가 우수한 상품이다.	시럽에 담그고 럼주를 뿌린 후 아몬드크림을 올려 굽는다. 속은 촉촉하고 겉은 고소하며, 볼륨감이 우수하다.	생지로 크렘 파티시에르 (Creme patissiere, 커스터드크림)와 럼레이즌을 감싼다. 은은한 단맛과 바삭함이 특징이다.

크루아상

먹은 후에 묵직함이 느껴지지 않아 부담감이 없다

배 합

골든요트(닛폰제분) 50%

리스도르(닛신제분) 50%

세미드라이이스트 2%

소금 2%

그래뉴당 13%

발효버터(유키지루시유업) 5%

달걀 6%

물 42~45%

발효생지 20%

충전용 버터

발효버터(유키지루시유업) 50%

제 법

1. 믹싱	1단 2분, 2단 5분	
	반죽 온도 24℃	
2. 상온 발효	상온에 30분간 둔다.	
3. 분할	1900g으로 분할한다.	
4. 냉장	5℃ 정도의 냉장고에 하룻밤 그대로 둔다.	
5. 접기	롤러로 생지를 늘리고, 두들겨 펴놓은 버터를 감싼다.	
	4절 접기를 2회 한 후 0℃에 4시간 이상 그대로 둔다.	
6. 자르기·성형	3.3mm 두께로 늘려 1개당 50g으로 자르고, 밑변에서 꼭짓점 방향으로 말아 성형한다.	
7. 최종 발효	온도 27℃, 습도 75%에서 90분	
8. 굽기	전란을 발라 윗불 210℃, 아랫불 180℃에서 12~13분	

기 기

믹서 …… 아이코제작소 버티컬 믹서

오븐 …… 넥스트 전기오븐

꼼꼼한 접기 작업으로 목표로 하는 식감을 만든다

'르 르소르'의 시미즈 센코 대표가 목표로 하는 크루아상은 일상처럼 친숙한 크루아상이다. 맛은 있지만 하나를 다 먹었을 때 묵직해지는 크루아상이 아니라 매일 먹어도 질리지 않고 일상적으로 먹을 수 있는 크루아상을 추구한다. 구체적으로 말한다면, 본고장 프랑스의 크루아상과 같이 겉은 바삭하고 속은 부드러우며 풍부한 발효 향을 가진 크루아상이다. 제빵 장인이 만드는 매력적인 크루아상을 만들고 싶다고 생각했다.

이상적인 식감을 만들기 위해서는 충실한 접기 작업이 무엇보다도 중요하다고 시미즈 대표는 말한다.

접기 작업의 포인트는 세 가지인데, 우선 첫 번째는 온도 관리이다. 생지의 온도와 버터의 온도를 맞춰, 둘 다 고르게 퍼지는 온도로 조절하는 것이다. 두 번째는 작업을 신속하게 하는 것이다. 생지를 접기에 적당한 온도로 조절해도 시간이 너무 길어지면 온도가 달라진다. 세 번째는 생지를 제대로 휴지시켜 잘 퍼지게 만드는 것이다.

'르 르소르'에서의 접기 순서는 다음과 같다. 생지를 분할한 후 5℃ 정도의 온도에 하룻밤 두고 4절 접기를 2회 한 후 0℃에 가까운 온도에서 4시간 이상 휴지시킨다. 이런 작업을 통해 균일한 층이 만들어지고, 목표로 하는 식감과 더불어 미세한 결을 가진 훌륭한 외관이 완성된다. 또한 4절 접기를 2회 하기 때문에 3절 접기 3회로 만들어지는 27층보다 적은 16층이 만들어져, 겉이 바삭한 식감으로 완성된다.

충전용 버터는 향이 과하지 않은 유키지루시유업의 '파멘트'를 선택하였다.

밀가루의 선택과 블렌딩에 심혈을 기울인다

크루아상은 2006년 8월 개점한 이래 몇 번의 시행착오를 겪으면서 만들어왔지만, 지금도 목표하는 맛을 위해 끊임없이 연구하는 아이템이다.

그중에서도 특히 밀가루의 선택과 배합에 대해서 여러 시도를 해본 결과, 밀가루의 중요성에 대해 시미즈 대표는 다음과 같이 이야기한다.

"전에는 밀가루의 중요성에 대해 별로 의식하지 않았다. 산지나 단백질 함량을 보고 판단하면 되지 않을까 하는 정도로 단순하게 생각했었다. 그러나 그런 생각은 프랑스에서 일을 한 후 바뀌었다. 지역마다 지역에 알맞은 밀가루가 있다는 점, 같은 밀로도 제분 방법에 따라 특징의 차이가 생긴다는 점, 밀가루만으로도 향과 식감이 달라진다는 점 등 밀가루에 대한 인식이 많이 바뀌게 되었다."

지금은 식감을 고려하여 2종류의 제품을 선택하였는데, 바삭한 식감을 내는 초강력분 '골든요트'와 씹는 느낌이 좋은 프랑스빵 전용 밀가루 '리스도르'를 동량으로 블렌딩하여 사용한다.

한편 빵과 같은 폭신함을 내기 위해 발효생지를 사용한다. 발효생지는 분할한 후 남은 자투리 생지로, 이것을 넣으면 생지의 완성도가 높아지고 볼륨감이 생기며 가벼움도 더해진다. 실제로 '르 르소르'의 크루아상은 눌렀을 때 원상태로 되돌아올 정도로 탄력이 좋다. 또 오래 보존할 수 있으며 발효 향도 더욱 좋아진다는 효과도 있다.

발효 향을 잘 내기 위해서 접기 작업 전에 저온에서 장시간 휴지시키는 점도 포인트이다. 준비하는 양에 따라 온도는 다르지만, 5℃를 기준으로 하룻밤 휴지시킨다.

크루아상

PAINDUCE
팡듀스

셰프 요네야마 마사히코

크루아상과 파이 중간의 개성적인 식감

℗oint

_믹싱으로 생지를 뭉치고, 발효는 최종 발효만 한다.
_르뱅종과 끓인 버터로 풍미를 높인다.

◇ **Variation** ◇

쇼콜라 바나느

잔두야(Gianduja, 헤이즐넛 향의 초콜릿)를 조합한 커버추어를 생지 속에 넣고, 버너로 그을린 미야코지마산 무농약 바나나를 토핑한다.

아 푸앵

사각형으로 늘린 생지를 평평하게 눌러 파이의 느낌으로 만든다. 아마레토(Amaretto, 아몬드 향이 나는 증류주) 향이 나는 커스터드크림과 건포도를 사이에 넣었다.

일본산 밤을 넣은 에스프레소 풍미의 크루아상

에스프레소 맛이 밴 브리오슈, 크렘 다망드, 밤조림을 크루아상 생지로 감싸 틀에 넣어 구웠다.

크루아상 오 퐁뇌프

프랑스 전통 과자를 크루아상으로 응용하여 만들었다. 프랑부아즈 페팽(Framboise pépin) 아래에 사과 콩포트와 커스터드크림이 있다.

크루아상

배 합

오페라(에베쓰제분) 90%

맷돌 제분 통밀가루(에베쓰제분) 10%

소금 2%

그래뉴당 13%

탈지분유 3%

사프 인스턴드드라이이스트(골드) 1.5%

물 56%

끓인 버터(메이지유업) 5%

르뱅종 10%

충전용 버터

발효시트버터(메이지유업) 43%

제 법

1. 믹싱	저속 8분
	반죽 온도 23~23.5℃
2. 냉동	-20℃의 냉동실에 1시간 30분~2시간 넣어둔다.
3. 냉장	5℃의 냉장고에 30분간 넣는다.
4. 접기	생지를 늘려 충전용 버터를 감싼다. 단숨에 3절 접기 1회, 4절 접기 1회를 한다. 냉동실에서 생지를 휴지시키면서 롤러로 10mm 두께로 밀고, 최종 두께는 4mm가 되도록 한다.
5. 자르기·성형	밑변 8cm, 높이 14cm의 이등변삼각형으로 자르고, 세게 잡아당기지 않은 채 밑변에서 꼭짓점 방향으로 만다.
6. 최종 발효	온도 28℃, 습도 85%에서 2시간 30분
7. 굽기	전란을 바르고, 건조되면 윗불 230℃, 아랫불 200℃에서 14분

기 기

믹서 …… 켐퍼 스파이럴 믹서

오븐 …… 베이커즈프로덕션 전기오븐

밀가루와 효모의 향, 부재료로 좋은 향의 크루아상을 만든다

가벼운 식감의 겉과 촘촘하고 고운 결을 가진 속. '팡듀스'의 요네야마 셰프는 바삭하지만 퍼석하지 않은 식감을 가진, 크루아상과 파이의 중간 이미지를 목표로 한다.

단백질 함량이 높은 강력분을 사용하면 지나치게 질긴 식감으로 완성될 수 있으므로 강력분은 피하고 글루텐 성분이 약간 적은 일본산 밀가루인 '오페라'를 베이스로, '맷돌 제분 통밀가루'를 블렌딩하였다. 통밀가루를 배합한 것은 향과 특유의 쌉쌀한 맛을 더하려는 생각에서이다.

반죽용 버터를 끓여서 사용하는 것도 요네야마 셰프만의 비법이다. 끓인 버터를 넣으면 특유의 고소함이 생지에 더해진다고 한다.

르뱅종은 개점 때부터 사용해오던 것이다. 이스트와 병용하지만, 르뱅종에 의한 발효 향과 특유의 산미가 더해져 먹을 때 맛이 밋밋하지 않다.

1차 발효 없이, 믹싱으로 생지에 탄력을 준다

공정의 특징은 믹싱한 생지를 급냉하여 발효를 억제하고 자르기·성형까지 진행한 후, 최종 발효만으로 발효를 시킨다는 점이다. 이스트 활동을 억제해 폭신하고 부드러워지지 않도록 한다.

다시 말해 가장 중요한 것은 믹싱이다. 1차 발효를 하지 않는 만큼 믹싱 때 생지에 탄력을 주어야 한다. 물론 발효로도 탄력이 생기지만 그 힘이 약하므로 믹싱은 8분으로 길게 하여 글루텐을 만든다. 또한 오래 믹싱해도 견딜 수 있는 생지를 만들기 위해 물은 56%로 많이 배합한다. 반죽 온도는 23~23.5℃이다. 완성된 생지는 매끈하고 윤기가 난다.

접기는 단숨에 3절 접기와 4절 접기를 각각 1회씩 한다. 접은 후, -20℃의 냉동실에서 30분 휴지시키고 10mm 두께로 늘린다. 냉동실에서 15~30분간 휴지시킨 후 4mm 두께로 늘려 다시 냉동실에서 10~15분간 휴지시킨다. 롤러로 늘릴 때마다 생지를 냉동실에 넣는 것은 생지를 급냉

하여 발효를 가능한 억제하기 위해서이다.

완성하려는 디자인을 염두에 둔 마는 횟수와, 촘촘하고 조밀한 속을 고려하여 최종 두께는 4mm로 늘린다.

그다음 5℃에서 생지를 성형한다. 이때의 포인트는 생지를 세게 잡아당기지 않고 부드럽게 마는 것이다. 이렇게 하면 입안에서 사르르 녹는 식감이 된다. 잡아당기면서 말면 생지 자체에 수축력이 생겨, 성형 후에도 생지가 오그라들게 된다. 구운 후 층의 숫자는 적지만 층 하나하나가 살아 있어 보기에도 좋다. 층층이 잘 표현되기 위해서는 마지막 끝부분을 생지에 딱 붙이지 않고 헐렁하게 붙여야 한다. 꽉 붙이는 것보다 층이 각각 분리되는 것이 보기에도 재미있다고 셰프는 말한다.

1차 발효를 하지 않는 만큼 확실히 수화되도록 발효실에 약 2시간 반 정도 넣어둔다. 만일 여기서 발효 시간을 단축하면 노화가 빨라지고 퍼석거리는 식감이 된다.

전란을 발라 건조시킨 후 윗불 230℃, 아랫불 200℃에서 12분, 전후좌우의 철판을 바꿔 다시 2분간 더 굽는다. 아래는 은은한 불로 굽고 위는 타기 직전까지의 느낌으로 확실하게 굽는다. "크루아상은 버터 향과 식감으로 먹는 것. 따라서 식감이 가게의 개성이다"라고 오네야마 셰프는 말한다.

특제 크루아상

nemo Bakery&Café
네모 베이커리&카페

셰프 네모토 다카유키

작업성을 고려한 제법으로 풍부한 향의 크루아상을 만든다

부서지는 것에 신경 쓰지 않고
맘 편하게 먹을 수 있는
네모 베이커리&카페의 크루아상.
버터의 향과 식감을 중요시한
독자적인 배합과 제법으로 만든다.

ⓟoint

_ 바삭한 식감을 만들기 위해 강력분을 80% 사용한다.
_ 믹싱 전처리를 통해 재료를 균일하게 섞는다.

◇ **Variation** ◇

발렌시아

발렌시아오렌지, 커스터
드크림, 딸기로 만든 새
콤한 계절한정 대니시.

팽 오 레쟌

살타나건포도와 직접 만
든 커스터드크림을 크루
아상 생지로 감싼다.

팽 오 쇼콜라

프랑스산 바통 쇼콜라를
사용한 기본 스타일.

햄과 5가지 치즈

체다, 마리보, 에담, 스모
크, 크림치즈의 5가지 치
즈와 로스햄을 생지로
만다.

특제 크루아상

배 합

HS-1(세코제분) 80%

텐바(세코제분) 20%

르뱅 리퀴드 ▪ 10%

사프 인스턴트드라이이스트 2%

몽골소금 2.8%

그래뉴당 14%

탈지분유 2%

메이지무염버터 10%

물 49%

충전용 버터

발효파운드버터(메이지유업) 생지 1900g당 660g

> ▪ 르뱅 리퀴드는 '리스도르'와 물을 같은 비율로 자가배양시킨 것이다.

제 법

1. 전처리	Ⓐ 소금, 그래뉴당, 무염버터를 믹서에 넣고 크림화시킨다.
	Ⓑ 르뱅 리퀴드, 드라이이스트, 물을 섞어 용액을 만든 후 Ⓐ에 넣는다.
	Ⓒ 2종류의 밀가루와 탈지분유를 합쳐 체에 치고, Ⓐ에 넣는다.
2. 믹싱	저속 3분
	반죽 온도 24℃
3. 1차 발효	상온에서 30분, 냉장고에서 90~120분간 휴지시킨다.
4. 접기	파운드버터를 세로 약 40cm, 가로 약 35cm의 직사각형으로 늘리고 늘린 생지로 감싼다. 밀대로 평평해질 때까지 두드린다. 3절 접기를 3회 하여 냉동실에 하루 동안 그대로 넣어둔다. 중간에 두 번째 접기를 완료한 후 냉동실에 1시간 넣는다.
5. 자르기·성형	다음 날 아침, 냉장고로 옮겨 생지를 해동한다.
	1개 60g의 이등변삼각형으로 잘라, 꼭짓점 방향으로 만다.
	삼각형의 꼭짓점이 바닥으로 가지 않도록 성형한다.
6. 최종 발효	온도 27℃, 습도 75%에서 3시간
7. 굽기	전란+달걀노른자를 솔로 바르고 윗불 215℃, 아랫불 210℃에서 18분

기 기

믹서 …… SK믹서 버티컬 믹서

오븐 …… 도쿄코토부키인더스트리 전기오븐

10번 이상 개선한 제법으로
좋은 향과 식감을 만든다

'여기저기 바사삭 부서지는 크루아상'을 이미지로 한 '네모 베이커리&카페'의 크루아상. 버터 향과 바삭한 식감을 추구하기 위해, 네모토 다카유키 셰프는 배합과 제법을 10회 이상 개선했다고 한다.

현재는 강력분 80%와 박력분 20%을 블렌딩하여 사용한다. 강력분은 미에현에 있는 세코제분의 'HS-1'이다. 하드 계열의 빵에 알맞은 캐나다산 밀로, 씹는 느낌이 좋고 적당한 쫄깃함을 만든다. 크루아상만의 독특한 바삭함을 내기 위해 이 밀가루를 선택했다. 단, 강력분만으로는 글루텐의 힘이 너무 강해 생지가 끊어지기 쉬우므로 힘을 완화시키기 위해 박력분을 섞는다. 입안에서 녹는 느낌이 좋아지는 효과도 있다.

소금은 2.8%로 일반 배합보다 약간 많다. 요리에서 소금의 양이 중요하듯이 빵도 소금의 양에 따라 맛이 달라진다고 생각한다. 크루아상의 경우는 버터의 풍미가 돋보이도록 소금을 많이 넣는 것이다.

'네모 베이커리&카페'에서는 직접 만든 천연효모를 사용해 다양한 빵을 만들고 있으며, 크루아상에도 밀가루로 만든 천연효모를 사용한다. 단 발효종이 천연효모뿐이면 너무 차지고 묵직한 식감이 되기 쉬우므로 드라이이스트를 병용하여 가벼움을 보충한다.

전처리 과정이 있는 독자적인 방법으로
작업성을 높인다

'네모 베이커리&카페'에서는 믹싱 전처리를 하여 생지를 준비한다. 우선 소금, 그래뉴당, 버터를 크림 상태가 되도록 섞는다. 소금과 그래뉴당의 입자를 버터로 녹이기 위해서이다. 여기에 물에 녹인 르뱅과 드라이이스트를 넣는데, 물에 미리 녹여두면 덩어리가 생기지 않는다. 그리고 마지막에는 밀가루와 탈지분유를 체로 쳐서 넣는다. 탈지분유는 덩어리가 생기기 쉬우므로, 밀가루에 미리 섞어두는 편이 좋다.

믹싱 전에 이런 처리를 해두면 모든 재료가 균일하게 섞여 잘 뭉쳐진다는 장점이 있다. 작업성이 좋아지고 발효도 잘 일어난다.

버터의 풍미를 중요하게 생각하는 '네모 베이커리&카페'에서는 충전용 버터 외에 생지에도 버터를 넣어 반죽한다. 따라서 1개당 중량이 60g으로 좀 묵직한 편이다. 충전용 버터는 향이 좋은 발효버터를 사용한다. 시트버터를 사용해도 되지만 네모토 셰프는 파운드버터를 선호한다. 시트버터는 가장자리가 마를 수 있고, 왠지 파운드버터의 향이 더 좋다는 생각이 들어서라고 한다.

생지로 버터를 감싸고 롤러로 늘리기 전에 먼저 밀대로 두들겨 늘리는 작업을 한다. 이때 생지에 굴곡이 있으면 롤러로 늘릴 때 생지가 찢어지기 쉬우므로 가능한 평평하게 만든다.

접기를 총 3회 하는데, 첫 번째가 특히 중요하다. 이때 생지와 버터의 온도 밸런스가 맞지 않으면 잘 접히지 않으므로, 단단한 정도가 비슷해지도록 차게 만들고 있다.

네모토 셰프는 성형에도 정성을 다한다. 이등변삼각형으로 자른 생지를 돌돌 말고, 삼각형의 꼭짓점이 바닥에 가지 않도록 한다. 바닥으로 가면 꼭짓점이 눌려 발효가 억제되어 생지의 결이 너무 촘촘해질 수 있다.

"결이 너무 촘촘해지면 품질이 나빠지기 쉽다. 적당한 기포와 구멍이 있는 크루아상이 오랫동안 품질이 유지된다"라고 네모토 셰프는 말한다. 삼각형의 꼭짓점이 표면에 나오면 보기에는 좋지 않을 수 있지만, 꼭짓점이 표면을 반 정도 덮으면 향도 좋고 맛있다. '네모 베이커리&카페'는 이 부분을 중요하게 여기며 크루아상을 만든다.

크루아상

Pain Pigeon

팡 피존

오너 셰프 하치무라 쓰토무

완전히 구워지기 전에 생지를 꺼내 촉촉하게 완성한다

굽는 시간을 절묘하게 조절해 만든
촉촉한 생지의 크루아상.
버터의 맛을 더욱 살리기 위해,
접는 횟수를 조절하여 18층으로 만든다.

ⓟoint

_ 굽는 시간을 조절하여 촉촉함을 살린다.
_ 접기 작업을 꼼꼼하게 하여 보기 좋은 층을 만든다.

◇ **Variation** ◇

쇼송 파티시에르

생지를 반 접어 구운 섬
세한 모양의 상품. 슈 생
지를 올리고 직접 만든
부드러운 커스터드크림
을 짜 넣는다.

대니시 세종

제철과일을 가운데에 올
린 인기 만점 대니시. 안
에는 마스카르포네와 생
크림을 넣는다.

시나몬 크루아상

크루아상 생지와 궁합이
좋은 시나몬을 설탕과
같이 녹여 코팅한다. 층
이 생기도록 얇게 발라,
보기 좋게 완성한다.

오랑주

크렘 파티시에르를 짜
넣고, 싱싱한 오렌지 슬
라이스로 장식하여 버너
로 그을린다. 생지는 틀
에 넣어 굽는다.

크루아상

배 합

고가네쓰루(호시노물산) 50%

HS-1(세코제분) 50%

생이스트 3.5%

소금(나미노하나) 2%

상백당 8.5%

몰트 0.3%

무염버터(다카나시유업) 3%

우유(유지방분 3.6%) 54%

르뱅종 10%

보리누룩 1%

충전용 버터

발효시트버터(메이지유업) 생지 1725g당 500g

제 법

1. 믹싱   밀가루 이외의 재료를 섞은 후, 밀가루를 넣어 저속으로 4분
   반죽 온도 22℃
2. 1차 발효   실온에서 30분
3. 분할   1725g으로 분할
4. 냉동   -1℃에 하룻밤 그대로 둔다.
5. 접기   롤러로 늘려 버터를 감싼다. 3~4mm 두께로 3절 접기 2회, 2절 접기
   1회를 하여 -1℃에 2시간 그대로 둔다.
   첫 번째와 두 번째 접기 후 -1℃에서 2시간 휴지시킨다.
6. 자르기·성형   3mm 두께로 늘려 1개 50g의 이등변삼각형으로 자르고 밑변에서
   꼭짓점 방향으로 말아 성형한다.
7. 저온 발효   -3℃에 하룻밤 둔다.
8. 최종 발효   -3℃에서 천천히 온도를 올려 온도 28℃, 습도 60~80%에서 90분
9. 굽기   전란을 바르고 윗불 235℃, 아랫불 215℃에서 10분

기 기

믹서 …… 아이코제작소 버티컬 믹서 드래건 후크 사용

오븐 …… 도쿠라상사 전기오븐

어느 정도 굽느냐가 촉촉한 생지를 만드는 비법

"얼마 전까지만 해도 바삭하고 입안에서 사르르 녹는 크루아상이 좋다는 획일적 경향이 있었지만, 최근에는 조금씩 가게마다 다양한 개성을 표현하는 듯하다. 크루아상을 그대로 먹거나 단 것과 짭짤한 것을 조합하여 먹을 때도, 너무 강하진 않아도 약간의 개성이 있으면 좋겠다"라고 말하는 하치무라 쓰토무 오너 셰프. 그런 '팡 피존'의 크루아상의 개성은 바로 촉촉함이다.

이런 촉촉함을 만들기 위한 비법은 언제까지 굽느냐에 달려 있다. 마지막까지 굽는 것이 아니라, 완전히 구워지기 일보 직전에 굽기를 완료한다는 점이 포인트이다. '팡 피존'에서는 오븐의 중간 단을 사용하고 윗불 235℃, 아랫불 215℃에서 10분간 굽는다. "많은 제빵사들이 알맞게 열이 전달된 상태라고 생각하는 시점이, 실제로는 2~3분 더 길게 구운 것이다"라고 하치무라 셰프는 말한다. 또한 크루아상은 구우면 빨리 굳기 때문에 르뱅종을 넣어 노화를 늦추고 촉촉함을 유지시킨다. 그다지 작용이 크지는 않지만, 르뱅종 자체에도 생지를 촉촉하게 만들어주는 효과가 있다.

또 하나, 하치무라 셰프가 목표로 삼는 것은 버터의 확실한 느낌이다. 다양하게 시도해본 결과, 전에 3절 접기를 3회 했던 것을 현재는 3절 접기 2회, 2절 접기 1회로 변경하였다. 18층으로 층의 숫자를 줄이니 버터의 맛이 확실하게 느껴졌다. 결과적으로 식감 또한 바삭하기보다는 투박하고 자연스럽게 느껴진다.

섬세한 접기 작업이 보기 좋은 층을 만든다

저속으로 4분간 믹싱하여 생지를 한 덩어리로 뭉치는데, 되도록 글루텐이 생기지 않도록 하는 것이 포인트이다. 믹싱은 가능한 적게 하고 소금은 고운 제품을 선택한다.

밀가루는 견습했던 가게에서 프로듀스하고 하치무라 셰프 본인도 눈여겨보아 오던 일본산 밀 중 프랑스빵 전용 밀가루인 '고가네쓰루'와 너무 강하지도 너무 약하지도 않은 적당한 힘을 가진 'HS-1'을 동량으로 블렌딩하여 사용

한다. 이스트는 발효 마지막 단계까지 확실하게 작용하는 생이스트를 선택하고, 몰트와 무첨가 제빵 개량제인 보리누룩으로 이스트의 활동을 보충한다.

실온에서 30분간 1차 발효를 하고, 생지가 약간 느슨해졌는지 판단한 후 분할을 시작한다. 여기서 포인트는 생지가 변화하기 시작했는지를 확인하는 것이다. 분할한 후 깔끔하게 접히도록 -1℃에서 휴지시킨다.

'팡 피존'의 크루아상은 겉에 균일하고 얇은 층을 가진다. 보기 좋은 층을 만들기 위해 정성 들여 접는 것이 가장 중요하다고 하치무라 셰프는 말한다. 실제로 하치무라 셰프는 생지 크기가 어긋나지 않도록, 접을 때 자를 사용할 정도로 세심하게 작업하고 있다.

충전용 버터는 실제로 먹었을 때 풍미가 좋았던 메이지유업의 발효시트버터를 사용한다. 접는 중간에 생지를 -1℃에 2시간 동안 두어 생지를 제대로 휴지시킨 후 작업에 들어간다.

균일하고 깔끔하게 만들어진 층이 무너지지 않도록 성형 때 생지는 잡아당기지 않고 오히려 느슨하게 마는 것이 비법이다. 최종 발효 때 2배 정도의 크기로 팽창되고 층이 생기면 앞서 설명한 대로 굽기 시작한다.

크루아상

ティグレ

티그레

하나 더 먹고 싶게 만드는 크루아상

속은 촉촉하고, 겉으로 갈수록 파이 같은
식감을 가지는 크루아상이 목표이다.
제철과일이나 직접 만든 필링을 넣은
대니시도 인기상품이다.

Point

_접을 때는 생지와 버터의 두께를 같게 한다.
_고온으로 단시간에 구워 버터의 풍미를 살린다.

◇ **Variation** ◇

베리베리

아몬드크림을 넣어 굽고,
직접 만든 커스터드와
휘핑크림을 섞어 바른
후 베리류로 장식한다.

구프르

크림치즈와 생크림을 합
쳐 생지에 바르고, 럼건
포도를 뿌려 만든. 구운
후 럼시럽을 뿌린다.

그리오트

직접 만든 커스터드크림
에 그리오트를 올려 굽
고 마지막에 그리오트
시럽을 젤리 상태로 굳
혀 넣는다.

카페

케이크크럼을 베이스로
한 커피맛 필링을 생지
에 바르고, 아몬드와 마
카다미아를 뿌려 굽는다.

크루아상

배 합

몽블랑(다이이치제분) 60%

골든요트(닛폰제분) 40%

세미드라이이스트 1%

소금 2.1%

그래뉴당 6%

몰트(물과 동량으로 섞은 것) 0.6%

무염버터(메이지유업) 5%

우유 40%

물 16.5%

충전용 버터

발효파운드버터(메이지유업) 60%

제 법

1. 믹싱
저속 6분
반죽 온도 23℃

2. 상온 발효
25분

3. 냉동
생지를 밀대로 사각형으로 늘리고 -12℃의 냉동실에 최소 5시간 넣어둔다.

4. 접기
25cm의 정사각형으로 두들긴 버터를 7mm 두께로 늘린 생지로 감싼다. 3절 접기를 3회 하여 최소 5시간 휴지시킨다(작업상, 업장에서는 하룻밤 휴지시킨다). 첫 번째 접기를 완료한 후 냉동실에서 15분, 두 번째 접기를 완료한 후 냉동실에서 최소 2시간 휴지시킨다.

5. 자르기·성형
6mm 두께로 늘린 후 크루아상용 생지분만 잘라 3mm 두께로 늘린다. 5분 정도 휴지시킨 후 밑변 8cm, 높이 20cm의 이등변삼각형으로 자른다. 밑변에서 꼭짓점 방향으로 돌돌 만다.

6. 최종 발효
온도 28℃, 습도 약 85%에서 4~5시간

7. 굽기
달걀물(달걀노른자 1개+전란 1개+달걀의 10%에 해당하는 물)을 발라 270℃에서 9분

기 기

믹서 …… 간토혼합기공업 버티컬 믹서
오븐 …… 본가드 전기오븐

파이에 가까운 식감을 추구한다

모치즈키 셰프는 한눈에 봤을 때도 바삭한 식감, 코를 찌르는 듯한 버터의 향, 먹은 후에 버터의 여운이 남으면서도 너무 느끼하지 않은, '하나 더 먹고 싶다'라는 생각이 들게 하는 크루아상을 목표로 한다.

밀가루는 파이에 가까운 식감을 만들기 위해 프랑스빵 전용 밀가루 '몽블랑'을 메인으로 하고, '골든요트'를 합쳐 사용한다. 모든 재료를 넣고 저속으로 6분간 믹싱한다. 빵보다는 '과자 같은 식감'에 가깝게 만들기 위해 믹싱 시간을 최대한 줄인다. 또한 수분량은 56.5%이지만 그중 40%가 우유여서, 리치한 맛을 가진다는 점이 특징 중 하나이다.

믹싱이 끝나면 생지가 잘 퍼지도록 25분 정도 상온 발효를 시킨다. 이것을 밀대로 사각형으로 밀고, -12℃로 설정한 냉동실에 최소 5시간 넣어두어 생지의 골격을 만든다(작업에 따라 하룻밤 두는 경우도 있다).

접을 때는 생지와 버터의 두께를 같게 한다

접기는 3절 접기를 3회 한다. 여기서 중요한 점은 생지와 버터가 같은 두께의 층이 되도록 접기 작업을 할 때마다 냉동실에서 휴지시키는 시간을 조절한다는 것이다. 이렇게 하면 버터와 생지가 균일하게 퍼진다.

충전용 버터는 생지 1712g당 파운드버터 600g을 사용한다. 냉동실에서 꺼낸 생지를 7mm 두께로 늘리고, 버터를 약 25cm의 정사각형으로 두들긴 후 올려 감싼다.

첫 번째 접기가 끝나면 -12℃의 냉동실에 15분간 넣는다. 첫 번째 접기이기 때문에 아직 버터가 두꺼운 상태로, 냉동실에 15분 이상 넣어두면 버터만 단단해져 생지와 버터가 분리되고 만다. 따라서 냉동실에 넣어두는 시간은 15분으로 제한한다.

두 번째 접기가 끝난 후, 냉동실에 최소 2시간 동안 넣어둔다. 이 단계에서 생지와 버터는 9층이 되고 버터도 꽤 얇아지므로, 생지를 2시간 휴지시켜도 버터는 잘 늘어난다. 오히려 충분히 휴지시켜 생지를 안정화시키는 것이다. 세 번째 접기 후에는 최소 5시간 동안 냉동실에 넣어둔

후, 접기 작업을 종료한다.

대니시에도 같은 생지를 사용하므로 먼저 6mm 두께로 늘린 후, 크루아상에 사용할 만큼만 잘라 다시 3mm 두께로 늘린다. 5분 정도 휴지시키고, 밑변 8cm, 높이 20cm의 이등변삼각형으로 자른다. 밑변부터 직선으로 꼭짓점을 향해 마는데, 이때 층을 보기 좋게 만들기 위해서는 힘을 많이 주지 않아야 한다.

최종 발효는 온도 28℃, 습도 85%에서 4~5시간을 기준으로 한다. 발효실에서 너무 빨리 꺼내면 층이 생기지 않고, 너무 늦게 꺼내면 버터와 생지가 하나가 되어 층이 제대로 생기지 않고 바닥이 평평해진다. 생지의 옆면(층이 되는 부분)을 보고 발효 정도를 확인한다.

굽기는 270℃에서 9분을 기준으로 한다. 온도가 낮으면 버터가 새어 나오므로, 270℃의 고온으로 단시간에 굽는 것이 포인트이다. 층 부분에도 구운 색이 잘 나는 것이 베스트이다.

크루아상 생지의 두께를 달리해 만든 대니시도 인기상품. 제철과일이나 직접 만든 필링을 사용하며, 성형도 각각 개성이 넘쳐 마치 케이크 같은 느낌이 든다. 12~15종류를 선보이고 있으며, 매우 인기가 많다.

불 뵈르

Boule Beurre Boulangerie
불 뵈르 불랑주리

오너 셰프 구사노 다케시

접는 횟수를 줄여 속까지 바삭하게 만든다

이스트를 되도록 발효시키지 않기 위해
냉동실에서 장시간 급냉시켜,
파이 같은 식감을 만든다.
또한 버터의 풍미와 고소함을 내기 위해
진한 색이 나도록 굽는다.

Point

_이스트의 발효를 억제하기 위해 장시간 · 급냉
_접는 횟수, 마는 횟수를 적게 하여 바삭한 식감을
만든다.

◇ **Variation** ◇

아마오우

버터, 아몬드크림, 제철
딸기를 함께 구워 부드
러운 식감으로 완성한다.

캐러멜 푸르 세크

생지를 2장 겹치고 가운데에 프랑지
판(Frangipane, 아몬드가루와 커스터드
크림을 섞은 것을 짜서 굽는다. 그 위
에 캐러멜 푸르 세크(Four sec, 자그마
한 과자)를 올려 다시 굽는다.

불 뵈르

배 합

리스도르(닛신제분) 95%

생이스트 2.9%

그래뉴당 7.6%

오키나와 소금 시마마스(아오이우미) 1.9%

탈지분유 2.9%

전란 5%

버터(요츠바유업) 7.6%

찬물 41.8%

충전용 버터

시트버터(유키지루시유업) 밀가루의 50%

제 법

1. 믹싱　　　　저속 4분, 2단 1분
　　　　　　　반죽 온도 18℃
2. 냉장 발효　　분할하여 –5℃의 냉장고에서 최소 15시간~최대 48시간
3. 접기　　　　롤러로 생지를 늘리고, 충전용 버터를 감싼다. 2절 접기를 1회 한 후,
　　　　　　　3절 접기를 하여 –17℃의 냉동실에 45분 넣어둔다.
　　　　　　　마지막으로 3절 접기를 하여 다시 냉동실에 넣는다.
4. 자르기·성형　3.5mm 두께로 늘려 –5℃의 냉장고에 1시간 둔다. 1개 35~40g으로
　　　　　　　분할하여 밑변 9cm, 높이 17cm의 이등변삼각형으로 자르고 비닐을
　　　　　　　덮어 –5℃의 냉장고에 1시간 둔 후, 생지를 돌돌 만다.
5. 최종 발효　　온도 28℃, 습도 73%에서 2시간
6. 굽기　　　　생지를 실온에 두어 약간 건조시키고, 달걀노른자와 물을 섞은 것을
　　　　　　　2회 바른다. 윗불 240℃, 아랫불 200℃에서 12~13분

기 기

믹서 …… 쇼고르제(아시아제) 스파이럴 믹서

오븐 …… 칼베르카(독일제)

장시간 발효시켜도 좋은 재료와 배합을 선택한다

파리에서 먹은 크루아상의 맛에 감동을 받았다는 구사노 다케시 셰프. '불 뵈르 불랑주리'에 오는 손님에게도 자신이 받았던 감동을 선사하는 것이 목표이다.

'불 뵈르 불랑주리'의 크루아상은 가게 이름과 같은 '불 뵈르(Boule Beurre)'라는 이름을 가졌다. 이것은 프랑스어로 '둥근 버터'라는 의미이다. 크루아상은 버터를 많이 사용하는 빵인 만큼, 이런 둥근 버터의 이미지를 살린 것이다. 이름 덕분에 손님들은 자연스럽게 크루아상을 간판상품으로 여기게 되었고, 크루아상의 인기는 더욱 많아졌다.

충격을 줄 정도로 맛있는 크루아상을 만들기 위해, 쫄깃한 식감이 아닌 바삭한 식감과 짙은 색으로 임팩트를 주었다. 버터의 풍미가 가득 퍼지고 생지의 발효가 돋보이는 크루아상을 만들기 위해서 재료부터 제법까지 꼼꼼하게 엄선한다.

밀가루는 '리스도르'만 사용한다. 장시간 냉장 발효를 해도 견딜 수 있고, 밀가루의 단맛이 잘 살기 때문이라고 한다. 또한 배합도 독자성이 빛나는데, 베이커스퍼센트로 전체를 계산하고 밀가루는 5% 줄인 95%로 설정한다. 이런 방식은 시트버터의 효율적인 사용과 작업의 효율성을 위해서이다.

속까지 바삭하게 만들기 위해 냉각 시간을 길게 하거나 접을 때 롤러로 생지를 두껍게 늘리고, 마는 횟수를 적게 하는 등 세심하게 조절하여 이상적인 크루아상에 가까워질 수 있도록 제법에 심혈을 기울이고 있다.

접는 횟수를 적게 하여 바삭한 식감을 낸다

믹싱이 끝나면 바로 분할을 하고, -5℃의 냉동실에서 최소 15시간~최대 48시간 동안 냉각시키는 것이 포인트이다. 생지가 가능한 발효되지 않도록 상온 발효 없이 '장시간·급냉각' 하여, 파이 같은 바삭한 생지를 만드는 것이다.

우선 생지를 롤러로 20cm의 정사각형으로 늘리고 충전용 시트버터를 감싸 8mm 두께의 직사각형으로 늘린다. 이후의 접기 방법이 포인트인데, 2절 접기를 1회, 3절 접기를 2회 하여 층수를 줄인다. 이렇게 하면 보다 바삭하게 완성된다.

2절 접기 후 계속해서 5mm 두께로 늘린 다음 3절 접기를 하고, -17℃의 냉동실에 45분간 두어 차게 만든다. 마지막으로 3절 접기를 하여 다시 냉동실에 넣는다. 다음 최종 3.5mm 두께로 늘리고 -5℃의 냉동실에 1시간 넣어 차게 만든다. 최종 두께를 3.5mm로 두껍게 하는 것은 마는 횟수를 적게 하기 위해서이다.

성형 시 주의해야 하는 점은 층이 무너지지 않게 잡아당기지 않고 가볍게 마는 것이다. 생지의 크기와 최종 두께에 의해 마는 횟수는 자연스럽게 적어진다. 따라서 셰프가 목표로 하는 속까지 바삭한 식감으로 완성된다.

최종 발효는 발효실에서 2시간 정도 한다. 2시간이 되기 약간 전에 생지를 꺼내서, 달걀물이 잘 발리도록 실온에 잠시 두어 표면을 건조시킨다. 달걀물을 2번 바르면 표면에 윤기가 생긴다.

윗불 240℃, 아랫불 200℃로 약간 높게 설정하여 12~13분간 짙은 색이 나도록 굽는다.

크루아상

ブーランジュリー オヴェルニュ

불랑주리 오베르뉴

버터뿐만 아닌 밀가루의 맛도 즐길 수 있는 크루아상

발효버터의 풍미뿐 아니라 강력분을 사용하여
밀가루의 맛을 살리는 데 주력하였다.
발효 빵이라 할 수 있지만, 세심한 접기 작업을 통해
층의 식감을 살린다.

❶Point

_ 밀가루의 맛과 발효버터의 풍미를 살린 배합
_ 냉동실에서 생지를 휴지시키면서 접기 작업을
한다.

◇ **Variation** ◇

고구마 펌프킨

직사각형으로 길게 자
른 생지를 틀에 깔고 커
스터드크림, 고구마 단조
림, 단호박크림을 짜서
굽는다.

호두 코코트

띠 모양으로 자른 생지
를 둘둘 말아, 표면에 층
이 보이도록 한다. 가운
데에는 끓인 버터로 만
든 호두 필링을 넣고, 위
에도 호두를 장식한다.

폭신폭신 펌프킨

정사각형으로 자른 생지
의 네 모서리를 접어 슈
크림처럼 성형한다. 안에
펌프킨크림을 짜 넣는다.

크루아상

배 합

슈퍼킹(닛신제분) 50%

레장데르(닛신제분) 30%

테루아(닛신제분) 20%

사프 인스턴트드라이이스트 1%

소금(나미시오, 천일염을 정제한 쓴맛이 강한 소금) 2%

탈지분유 5%

유로몰트 0.3%

무염버터(요츠바유업) 5%

물 55%

충전용 버터

발효시트버터(메이지유업) 28%

제 법

1. 믹싱	저속 5분 반죽 온도 25℃	
2. 1차 발효	온도 28℃, 습도 75%에서 1시간	
3. 분할·둥글리기	1750g, 0℃의 냉장고에 하룻밤 그대로 둔다.	
4. 접기	롤러로 생지를 늘리고 충전용 버터를 감싼다. 3절 접기를 3회 하고 냉장고에서 2시간 휴지시킨다. 두 번째 접기를 완료한 후, 냉장고에서 2시간 휴지시킨다.	
5. 자르기·성형	롤러로 3.5mm 두께로 늘려 폭 18cm으로 자른 후 50g의 이등변삼각형으로 자른다. 0℃ 냉장고에서 1시간 휴지시키고, 생지를 가볍게 당겨 늘린다. 삼각형의 꼭짓점이 약간 바닥으로 가도록 돌돌 만다.	
6. 최종 발효	다음 날 아침까지 도우컨디셔너에 넣어둔다. 냉동→냉장(5℃)→발효실(온도 28℃, 습도 75%)을 자동으로 설정한 후, 온도를 점점 올린다.	
7. 굽기	전란을 두 번 바르고 윗불 250℃, 아랫불 220℃에서 12~13분	

기 기

믹서 …… 켐퍼 스파이럴 믹서

오븐 …… 본가드 일반오븐

초강력분을 사용하여 밀가루의 맛과 볼륨감을 높인다

'빵집다운 크루아상'을 추구하는 '오베르뉴'에서는 파이가 아닌 빵과 같은 느낌을 가지면서도 층의 식감을 최대한 살린 크루아상을 선보이고 있다. 이노우에 가쓰야 셰프는 버터와 밀가루, 두 가지 모두를 즐길 수 있는 크루아상을 추구한다.

"밀가루의 맛이 너무 강해도, 버터의 맛이 너무 진해도 안 된다. 밀가루의 선택과 버터 배합의 밸런스를 고려하고, 발효를 제대로 시켜 빵집다운 크루아상을 만들고 싶다."

'오베르뉴'에서는 3종류의 밀가루를 블렌딩하여 사용한다. 초강력분인 '슈퍼킹'은 믹싱을 짧게 해도 밀가루 맛이 잘 살며 글루텐의 양이 많다. 이런 '슈퍼킹'을 50% 사용하고, 강력분 '레장데르'와 프랑스산 밀 '테루아'를 블렌딩하여 밀가루의 맛이 잘 살면서도 오븐 스프링이 잘 일어나 볼륨감이 생기도록 한다.

버터는 반죽용에는 무염버터, 충전용에는 발효버터를 사용하여 버터의 풍미를 최대한 돋보이게 한다. 탈지분유를 5%로 다소 많이 넣는 것은 생지에 깊은 맛을 주면서 버터의 맛을 잘 살리기 위해서이다. 또한 달걀과 우유를 전혀 사용하지 않는 것도 버터와 밀가루의 풍미를 충분히 살리기 위해서이다.

벌집처럼 보기 좋은 층을 만드는 것이 이상적이다

믹싱은 저속으로 5분간 하고, 1시간 발효시킨다. 그다음 분할을 하여 하룻밤 냉장고에서 휴지시킨다. 이렇게 하면 접기 작업이 수월해진다. 접기는 3절 접기를 3회 하는데, 중간에 냉장고에서 2시간 정도 휴지시키면서 작업한다.

"보기 좋은 층을 만들기 위해, 확실히 휴지시키면서 접는 것이 중요하다. 작업 중 냉장고를 자주 열고 닫고 하기 때문에, 냉장고 안의 온도가 자연스럽게 올라가게 되므로 버터를 안정화시키기 위해선 2시간 정도 냉장고에 넣어야 한다"라고 이노우에 셰프는 말한다.

성형할 때는 층을 만지지 않도록 주의한다. 생지를 살짝 당기면서 가볍게 만다. 만 끝부분이 생지 바닥으로 가도록 성형하면 보기 좋게 구울 수 있다.

그다음, 도우컨디셔너에 넣어 하룻밤 둔다. 저녁에 성형한 것을 넣어 냉동에서 냉장으로 바꿔 서서히 해동한 후 최종적으로 발효실에 넣어 자동으로 온도를 변화시킨다. 조금씩 온도가 올라가므로, 생지에 손상이 가지 않는다는 장점이 있다.

굽기 전에 달걀물을 두 번 발라 구운 색이 잘 들도록 한다. 굽는 것만으로 진한 색을 내려면 버터가 타서 향도 나빠진다. 2번 바르면 구운 색이 보기 좋게 잘 들고, 향도 좋아진다.

이렇게 만든 '오베르뉴'의 크루아상은 겉은 바삭하며, 속은 버터에 의해 촉촉하다. 이노우에 셰프는 '잘랐을 때 벌집처럼 여러 층'으로 완성되는 것이 이상적이라고 한다.

'오베르뉴'의 크루아상은 1개 115엔(2008년 4월 기준)으로 시내 불랑주리에서는 볼 수 없는 파격적인 가격이다. 여기에는 크루아상에 대한 이노우에 셰프의 철학이 담겨 있다. '오베르뉴'를 개점할 때부터, "저곳은 하드계열의 빵과 크루아상이 맛있다"라는 평을 손님들로부터 듣고 싶었던 이노우에 셰프. 크루아상을 간판상품으로 하기 위해서는 무엇보다도 많은 사람들이 먹을 수 있어야 하므로, 부담 없이 구입할 수 있는 가격이어야 한다고 생각해 위와 같은 가격을 책정했다고 한다.

크루아상

La vie Exquise

라 비에 엑스퀴즈

오너 셰프 도무라 요시히로

버터에 지지 않는 밀가루의 강력한 풍미가 매력

리치한 발효버터와의 균형을 잡기 위해
3종류의 밀가루를 배합해, 풍미가 강하고
은은한 감칠맛이 느껴진다.
생지를 중간중간 휴지시키며 작업하기 때문에
글루텐은 생기지 않고 고소함이 살아난다.

Ⓟoint

_ 풍미가 강한 프랑스산 밀가루를 블렌딩한다.
_ 최소한의 믹싱으로 글루텐을 억제한다.

◇ **Variation** ◇

세자므

표면을 캐러멜화해 고소
함을 더욱 강조한다. 생
지에 참깨를 넣어 반죽
한 대인기 상품.

애플파이

바삭한 파이 생지에 직
접 만든 부드러운 잼을
넣는다. 사과는 홍옥을
사용한다.

코코바나나

가운데는 코코넛을 넣
은 푸딩 생지. 위에 슬라
이스한 바나나를 장식한
케이크 같은 느낌의 대
니시이다.

크루아상

배 합

몽블랑(다이이치제분) 60%

테루아(닛신제분) 20%

무르 드 피에르(구마모토제분) 20%

생이스트 2.5%

천일염(칸호아 소금) 2%

그래뉴당 9%

몰트 0.5%

무염발효버터(오무유업) 5%

우유 40%

물(정수) 10%

충전용 버터

무염발효버터(오무유업) 65%

제 법

1. 밑준비   밀가루와 버터를 합쳐 소보로 상태가 되도록 섞는다.
생이스트는 분량의 물에서 100g을 덜어 녹인다.
우유, 생이스트, 나머지 물, 몰트, 소금, 설탕을 섞는다.
반죽 온도 25℃

2. 믹싱   저속 3~4분
반죽 온도 20℃

3. 분할·휴지   6등분으로 분할하여 15~20분간 그대로 둔다.

4. 숙성   -7℃의 냉동실에서 12시간 휴지시킨다.

5. 접기   3절 접기를 3회 한다. 접을 때마다 3시간, 6시간, 12시간 냉동실에서 휴지시킨다.

6. 자르기·성형   생지를 3mm 두께로 밀고 밑변 9cm, 높이 17cm의 이등변삼각형(1개 47.5g)으로 자른다. 힘을 주지 않고 밑변에서 꼭짓점 방향으로 돌돌 말아 성형한다. 생지가 안정되도록 냉동실에서 12시간 휴지시킨다.

7. 최종 발효   온도 28℃, 습도 75%에서 3시간

8. 굽기   전란과 달걀노른자를 섞은 후 솔로 발라 윗불 230℃, 아랫불 190℃에서 10분, 윗불 220℃, 아랫불 190℃에서 5~6분

기 기

믹서 …… 아이코제작소 버티컬 믹서

오븐 …… 도쿠라상사 전기오븐

밀가루의 맛을 살리기 위해 3종류를 블렌딩한다

처음 프랑스에서 먹었던 크루아상의 맛을 잊을 수가 없다는 도무라 셰프. 그때 감동받았던, 고소한 크루아상의 양 가장자리와 입안에서 사르르 녹는 촉촉한 속을 재현하는 것이 목표이다. 그러기 위해서는 글루텐을 만들지 않고, 필요 이상으로 발효되지 않도록 하는 것이 가장 중요한 포인트이다. 이 두 가지가 지켜지지 않으면 쫄깃하고 폭신폭신한 '식빵'으로 변신한다. 따라서 -7℃의 냉동실에서 생지를 휴지시켜가며 이틀 이상에 걸쳐 만들고 있다.

맛의 비결인 버터는 구웠을 때 향이 좋은 오무유업의 발효 버터를 사용한다. 다른 버터와 비교했을 때 약간 더 잘 녹으므로 버터가 항상 5℃로 유지되도록 상태를 꼼꼼히 체크해야 한다.

밀가루는 3종류를 블렌딩한다. 버터뿐만 아니라, 밀가루의 풍미도 느껴지게 하기 위해서이다. 메인은 '라 비에 엑스퀴즈'에서 가장 인기가 많은 바게트에 사용하는 '몽블랑'. 밸런스가 좋을 뿐 아니라 색도 잘 난다. 여기에 프랑스산 '테루아'와 맷돌로 빻은 '무르 드 피에르'를 20%씩 넣는다. 이 2종류를 사용하면 글루텐이 잘 생기지 않고 밀가루의 맛이 더욱 돋보인다. 또한 3종류의 밀가루를 사용하면 깊은 맛을 내는 효과도 있다.

중간중간 생지를 휴지시켜 바삭한 식감을 만든다

글루텐이 생성되지 않도록 재료의 믹싱을 최대한 제한하는 것이 중요한 포인트이다. 시간으로 하면 3~4분 정도로, 전체가 살짝 뭉쳐지고 생지를 잡아당겼을 때 끊어지는 상태이다.

분할하여 휴지시킨 후, 밀대로 사방 25cm로 밀어 냉동실에서 12시간 숙성시킨다. 이스트를 천천히 작용하게 하면 풍미가 더욱 강해지고 생지도 안정되어 작업성이 좋아진다. 냉동실 안에서 마르지 않도록 비닐로 2번 감싸는데, 그렇게 하지 않으면 생지가 끊어지거나 식감이 고르지 않게 된다.

그다음 생지를 사방 20cm로 밀고 차게 만든 버터를 감싼 후 롤러로 민다. 생지가 갈라지지 않도록 롤러로 5~6번 늘려 두께를 5mm로 만든다. 양 가장자리를 접고 3절 접기를 한 후, 가장자리를 밀대로 누른다. 생지가 조금이라도 어긋나면 버터가 끝까지 퍼지지 않아 양 가장자리는 폭신한 느낌으로 완성된다. 냉동실에서 휴지시킨 후 90도 돌려, 다시 한 번 롤러로 민다. 이 과정을 3회 반복하는데, 마지막은 롤러로 7번 늘려 두께를 3mm로 만든다.

다음 이등변삼각형으로 칼로 자르고, 밑변에서 꼭짓점 방향으로 생지를 만다. 버터와 밀가루의 층이 눌리지 않게 칼로 깔끔하게 자르고, 생지가 발효되지 않도록 신속하게 작업하며, 구운 후 모양이 무너지지 않도록 힘을 주지 않고 성형하는 등 심혈을 기울인다.

생지가 안정되도록 냉동실에서 12시간 휴지시킨 후, 최종 발효에 들어간다. 부피가 약 3배로 부풀고 철판을 흔들었을 때 생지가 탄력 있게 흔들리면 발효를 종료한다. 생지 표면에 달걀을 바를 때 달걀이 뭉쳐지면 생지가 서로 붙어 팽창하지 않으므로 얇게 바르도록 한다.

처음 10분은 고온에서 수분이 확실히 날아가도록 굽고, 그다음 윗불을 약한 중불로 낮춰 굽는다. 식힘망에 꺼내 30분간 휴지시킨다. 여분의 유지분을 제거한 후, 가게 앞에 진열한다.

"크루아상은 눈에 띄는 상품은 아니지만, 빵집에서 없어서는 안 될 존재이다. 대부분 아침 식사용으로 구입하는데, 앞으로는 샌드위치로도 만들어 점심 식사용으로도 제공하고 싶다"라고 도무라 셰프는 말한다.

크루아상

Boulangerie Lebois
불랑주리 르보와

오너 셰프 모리 아사하루

입안에서 생지가 사르르 녹아, 버터의 풍미와 단맛이 가득 퍼진다

ⓟoint

_그래뉴당을 많이 사용하여 단맛을 강조한다.
_단시간 믹싱과 1차 발효로 식감을 살린다.

◇ **Variation** ◇

시슈동 후루루

생지에 병아리콩과 카레를 넣어 만드는데, 적당한 매운맛으로 인기가 많다. 카레가 타지 않도록 생지로 뚜껑을 만든다.

프레즈

직접 만든 커스터드를 짜 넣고 구운 후 다시 커스터드를 짜서 이층으로 만든다. 딸기의 상큼한 단맛이 일품이다.

크루아상

배 합

몽블랑(다이이치제분) 100%
사프 세미드라이이스트(골드) 1.4%
칸호아 소금(베트남산) 2%
그래뉴당 10%
탈지분유 3%
물 50%
충전용 버터
발효파운드버터(요츠바유업) 60%

제 법

1. 믹싱		저속 4분 30초
		반죽 온도 18℃
2. 상온 발효		실온에 15분간 둔 후, 큼직하게 분할하여 둥글린다.
3. 접기		롤러로 생지를 늘리고 –15℃의 냉동실에서 2시간 식힌 후 버터를 감싼다. 3절 접기를 2회 하고, –15℃의 냉동실에서 1시간 휴지시킨다. 그 후 3절 접기를 1회 하여 냉동실에 하룻밤 그대로 둔다.
4. 자르기·성형		생지를 3mm 두께로 늘리고 1개 53g 전후, 밑변 10cm, 높이 17cm의 이등변삼각형으로 잘라 성형한다. 냉장고에 다음 날 아침까지 넣어두어 차게 한다.
5. 최종 발효		28℃의 상온에 1시간 두고 온도 27℃, 습도 70%의 발효실에서 2시간
6. 굽기		전란과 달걀노른자를 1:1로 합쳐 섞은 것을 2번 바르고 윗불 230℃, 아랫불 160℃에서 8분 구운 후 윗불, 아랫불을 끄고 8분

기 기

믹서 …… 아이코제작소 버티컬 믹서
오븐 …… 구시자와전기제작소 용암가마

입안에서 사르르 녹고, 은은하게 퍼지는 발효버터의 풍미

파리의 빵집에서 3년간 실무를 익히며 공부한 경험을 살려, 본고장의 크루아상을 만들고 있는 모리 아사하루 오너 셰프. '100명이 먹었을 때 100명 모두에게 맛있는 크루아상'을 목표로 한다. 매일 최소 100개가 모두 판매될 정도로 인기가 많다.

무엇보다도 겉은 바삭하고, 베어 무는 순간 주위가 어지러질 정도로 곱게 부서지는 생지가 특징이다. 입안에서 한순간 사르르 녹아버리는 듯한 생지를 만들기 위해 믹싱시간을 가감하는 등 생지의 양질화를 위해 힘쓰고 있다.

밀가루는 예전부터 애용해온 프랑스빵 전용 밀가루 '몽블랑'을 사용한다. 사용하기 쉬울 뿐 아니라, 물을 흡수하는 정도가 다른 밀가루와 비교했을 때 전혀 다르다. 이렇듯 물을 잘 흡수하는 성질 때문에 오랫동안 사용하고 있다. 그 외의 재료도 신중하게 선택한다. 맷돌로 빻은 칸호아 소금으로 부드러움을 만들고, 요츠바유업의 발효버터로 보다 풍미를 강조하는 등 풍부한 맛으로 만들고 있다.

또한, 모리 셰프 본인이 단맛을 좋아하여 '불랑주리 르보와'의 빵은 전체적으로 달다. 크루아상에도 그래뉴당을 10%로 많이 배합하여 전반적으로 단맛이 확실하게 느껴진다.

믹싱, 상온 발효, 굽기에 비법이 있다

생지가 입안에서 잘 녹도록 만드는 데 중요한 것은 믹싱시간이다. 저속으로 4분 30초, 짧은 시간 안에 가루 느낌이 없어질 때까지 섞는다. 이때 생지가 너무 믹싱되지 않아야 바삭함이 살아난다.

다음은 상온 발효 시간이다. 일반적으로 15분 정도 두는 것이 좋다고 한다. 단시간에 상온 발효시켜야 생지가 많이 섞이지 않고 고운 결로 완성된다.

생지를 크게 분할하고 롤러로 9mm 두께로 늘린 후, -15℃의 냉동실에서 꽁꽁 얼지 않도록 주의하며 2시간 동안 차게 만든다.

파운드버터를 두들겨 늘린 후, 생지로 감싸 3절 접기를 3회 한다. 먼저 4mm 두께로 1회 접은 후, 두께를 5mm로 바꿔 다시 1회 접는다. 여기서 일단 생지를 -15℃의 냉동실에 1시간 넣어두어 접기 쉽도록 생지를 차게 만든다.

그 후 5mm 두께로 1회 접고, -15℃의 냉동실에 하룻밤 그대로 둔다. 하룻밤 둔 생지를 7℃의 냉장고로 옮겨 늘리기 쉽게 만들고, 롤러로 최종 두께 3mm로 늘린 후 잘라 성형한다. 이것을 다시 -15℃의 냉동실에 다음 날 아침까지 넣어두어 생지가 확실하게 안정되도록 휴지시킨다.

마지막 포인트는 굽는 과정이다. 노릇하게 굽기 위해 전란과 달걀노른자를 1:1의 비율로 섞어 2번 바르고 윗불 230℃, 아랫불 160℃의 오븐에서 8분간 굽는다.

그다음 과정이 중요한데, 오븐의 불을 끄고 다시 8분간 굽는 것이다. 이렇게 오랫동안 오븐에 넣어두면 여분의 수분이 제거되어 바삭한 식감을 낼 수 있다고 한다. 이때 너무 많이 굽지 않도록 주의하여 촉촉한 유분기가 살짝 감돌게 만드는 것이 중요하다.

크루아상

Le Coeur

르 쾨르

오너 셰프 스가이 고로

층 하나하나를 굽는 감각으로, 거칠게 부서지는 바삭한 식감을 만든다

특화품인 '맷돌 제분 통밀가루 하루유타카'를 비롯하여
식재료 하나하나를 엄선해,
확실한 이미지의 크루아상을 만든다.
15℃의 파이실에서 버터를 단단하게 유지시키며
작업한다.

ⓟoint

_ 거칠게 부서지는 바삭한 식감
_ 맷돌로 제분한 통밀가루 하루유타카 등 엄선한
  식재료

◇ **Variation** ◇

**크루아상
오랑주 누아제트**

오렌지필을 넣은 아몬드 크림을 사이에 넣고, 굵게 다져 구운 헤이즐넛을 올린다.

크루아상 쇼콜라

프랑스 발로나사의 커버추어 초콜릿을 가운데 넣는다. 은은한 쌉싸름한 맛이 크루아상 생지와 잘 어울린다.

크루아상 오 자망드

아몬드크림을 사이에 넣고 아몬드 슬라이스를 토핑한다. 은은한 럼주의 향이 감돈다.

크로캉 카소나드

작게 잘라도 층이 그대로 유지되는 크루아상. 카소나드로 버무려 구워 바삭한 식감을 즐길 수 있는 양과자이다.

크루아상

배 합

셀프랑스(구마모토제분) 70%

오호츠크(쇼와산업) 20%

하루유타카 맷돌 제분 60메시(계약농가의 특제품) 10%

드라이이스트 1.5%

소금(시마마스) 1.5%

그래뉴당(고운 입자) 5%

혼와카토(와다제과) 5%

홋카이도3.7우유(다카나시유업) 53%

충전용 버터

홋카이도버터풀후레제 유염파운드버터(칼피스푸드서비스) 60%

제 법

1. 밑준비　　45%의 우유에 설탕과 소금을 녹이고 1℃의 냉장고에 넣어 차게 한다.
　　　　　　상온에 둔 8%의 우유에 드라이이스트를 녹인 후, 바로 믹싱에 들어간다.

2. 믹싱　　　저속 2분
　　　　　　반죽 온도 10℃

3. 휴지　　　3cm 두께의 정사각형으로 만들어 비닐로 감싼다.
　　　　　　-20℃의 냉동실에 하룻밤 그대로 둔다.

4. 해동　　　다음 날 아침 0℃의 냉장고로 옮겨 5시간에 걸쳐 해동한다.

5. 접기　　　충전용 버터를 두들겨 늘리고 생지로 감싼다. 3절 접기를 3회 한다.
　　　　　　접기를 완료할 때마다 냉동실에서 75분간 휴지시킨다.
　　　　　　세 번째 접기 작업이 끝나면 롤러로 두께 4mm, 폭 40cm로 늘린 후
　　　　　　-20℃의 냉동실에 1시간 넣어둔다.
　　　　　　다시 한 번 롤러로 4mm 두께로 늘리고 냉동실에 하룻밤 보관한다.

6. 자르기·성형　밑변 9cm, 높이 18cm의 이등변삼각형으로 자른다.
　　　　　　밑변에서 꼭짓점 방향으로 만다.

7. 최종 발효　온도 28℃, 습도 85%에서 3시간

8. 굽기　　　생지를 210℃의 컨벡션 오븐에 넣고 바로 180℃로 온도를 내려 5분,
　　　　　　170℃로 내려 18분

기 기

믹서 …… 아이코제작소 버티컬 믹서

오븐 …… 규덴샤 컨벡션 오븐

버터와 밀가루의 맛이 서로 돋보이면서 조화를 이루도록 한다

'식감', '강한 버터 향에 묻히지 않는 밀의 고소한 향과 맛'. 스가이 고로 오너 셰프가 크루아상을 만들 때 염두에 두는 이미지이다.

"크루아상은 버터를 많이 사용하는데, 일본인은 본래 버터를 많이 먹는 습관이 없어 버터가 너무 강조되지 않도록 한다. 식재료 각각의 존재감을 살리면서도 조화를 이루어 서로를 돋보이게 하는 크루아상을 추구한다."

거칠게 부서지는 투박한 식감이 목표이다. 입안에서 너무 잘게 부서지면 목이 텁텁해지며 버터의 식후감이 더욱 묵직하게 느껴지기 때문이라고 한다.

버터에 지지 않는 밀가루 본래의 향과 식감을 내기 위해, 깊은 맛을 가진 프랑스빵 전용 밀가루 '셀프랑스'와 회분이 많은 '오호츠크', 하루유타카밀의 '맷돌 제분 통밀가루'를 합쳐 사용한다.

'맷돌 제분 통밀가루'는 홋카이도의 농가에서 특별히 제분한 것이다. 10%를 더하는 것만으로도 존재감이 커지므로, 입안에 많이 남지 않을 정도의 크기로 빻아야 한다.

계약농가는 이런 요구조건과 양의 확보 등을 맞춰, 일본산 밀 발전에 힘쓰는 스가이 셰프에게 협력해주었다.

버터는 칼피스푸드서비스의 '풀후레제'. 저수분으로 우유의 깊은 맛을 가지며 향이 좋다고 한다.

설탕은 오키나와산의 '혼와카토'와 고운 입자의 그래뉴당, 소금은 '시마마스(멕시코 또는 오스트레일리아의 천일염을 오키나와 바닷물에 녹여서 만든 소금물)'를 사용한다. 각자 너무 돋보이지 않으면서 고급스럽고 감칠맛을 내는 재료라 선택한 것들이다.

스가이 셰프가 크루아상을 만드는 데 가장 애쓰는 것이 온도 관리이다. 버터의 온도가 올라가면 연화되어 작업성이 떨어지고 산화로 인해 식감이 노화되기 때문이다.

미리 우유에 설탕과 소금을 녹여 냉장고에 넣어두고, 상온에 둔 우유에는 드라이이스트를 넣어 녹인 후 믹싱을 시작한다.

실온에 따라서는 믹서 볼도 냉동실에 넣어 차게 만들어두기도 한다.

철저한 온도 관리로 이미지를 실현한다

믹싱은 버티컬 믹서로 저속으로 2분이 조금 안 되게 한다. 조금 지난 뒤 생지와 버터를 차가운 상태로 만든 후 늘리는 작업이 있으며 전체 과정에서 반죽된다는 점을 고려하여, 여기서는 가볍게 작업한다.

믹서에서 꺼낸 생지는 3cm 두께의 정사각형으로 만들어 비닐로 감싸 냉동실에 넣어둔다. 다음 날 새벽 5시에 0℃의 냉장고로 옮겨 5시간에 걸쳐 해동한다.

해동이 끝난 생지를 15℃의 파이실에 넣어 차가운 상태에서 접기 작업을 시작한다.

버터를 냉장고에서 꺼내 파이실의 작업대에 2~3분 둔 후 플라스틱 밀대로 두들겨 정사각형의 시트 모양을 만든다. 이것을 생지로 감싸고 밀대로 눌러 늘린다. 생지와 버터가 같이 늘어나도록 조금씩 눌러 늘리는 것이 포인트이다.

이후 3절 접기를 하여 냉동실에 넣고, 다시 냉장고로 옮겨 해동하는 과정을 3회 반복한다.

성형을 하고 온도 28℃, 습도 80%의 발효실에 3시간 둔다. 접은 버터의 층이 고르게 되도록 발효는 이때 한 번만 한다.

210℃의 컨벡션 오븐에 생지를 넣고 곧바로 180℃로 내린다. 그 상태로 5분 둔다. 점점 온도가 내려가 5분 후에 180℃가 된다. 그다음 170℃로 내려 18분간 구워 완성한다. 다 구운 크루아상은 바로 식힘망에 꺼내 식힌다.

크루아상

Bon Vivant

봉 비방

오너 셰프 고다마 게이스케

볼륨감이 풍부한 빵집다운 크루아상

겉은 바삭하며, 베어 물었을 때
버터가 쫙 퍼져 나오는 크루아상.
'파이가 아닌 어디까지나 빵'이라는 생각에서
볼륨감과 촉촉함을 중시한다.

➊oint

_프랑스빵 전용 밀가루+강력분과 발효로 볼륨감을
만든다.
_수분이 적고 향이 좋은 발효버터를 듬뿍 사용한다.

◇ **Variation** ◇

다크체리

키르슈 바서(Kirsch wasser,
체리 브랜디)에 절인 큼지
막한 다크체리와 크렘
다망드를 사용한 페이스
트리이다.

시골풍 홍옥 페이스트리

홍옥을 껍질째 버터와
카소나드로 볶아 단맛을
내어 페이스트리를 만든
다. 사과의 식감이 살아
있어 인기가 매우 좋다.

유채꽃과 죽순 키슈

크루아상 생지 가장자리
를 사용하고, 틀에 넣어
키슈로 만든다. 안에는
유채꽃과 바질치킨 등을
넣는다.

쇼콜라 다망드

아몬드 크림, 바통 쇼콜
라, 프랑부아즈를 말고
위에도 프랑부아즈 잼과
아몬드 크림을 올린다.

크루아상

배 합

리스도르(닛신제분) 80%

세이버리(닛신제분) 20%

생이스트 3%

소금(시마마스) 2%

그래뉴당 10%

탈지분유 3%

우유 20%

전란 6%

물 30%

충전용 버터

발효시트버터(유키지루시유업) 50%

제 법

1. 믹싱 저속 5분, 고속 2분
   반죽 온도 24℃
2. 상온 발효 상온에서 30분, 펀치 후 냉장고에서 하룻밤 휴지시킨다.
3. 접기 생지를 정사각형으로 늘려 사방에서 시트버터를 감싼다.
   파이롤러로 3절 접기 3회 하여 최종 두께 3~4mm를 만든다.
   중간에 두 번째 접기를 완료한 후, 냉장고에서 1시간 휴지시킨다.
4. 자르기·성형 밑변 10cm, 높이 18cm의 이등변삼각형으로 자른다(1개 45g).
   밑변에서 꼭짓점 방향으로 말아 성형한다.
5. 최종 발효 온도 27℃, 습도 85%에서 1시간 30분
6. 굽기 전란을 솔로 바르고 230℃에서 13분

기 기

믹서 …… 간토혼합기공업 스파이럴 믹서
오븐 …… 도쿄코토부키인더스트리 전기오븐

버터가 쫙 퍼지는 촉촉한 크루아상

교외 주택가의 인기 불랑주리 '봉 비방'. 고다마 게이스케 셰프가 추구하는 크루아상은 '먹는 순간은 바삭하고 속은 촉촉하며, 한 입 베어 물었을 때 버터가 쫙 퍼져 나와 입안 가득 퍼지는 크루아상'이다.

"빵집다운 크루아상을 만들려 한다. 파이가 아닌 빵이라는 점을 고려하여, 빵다운 촉촉함을 추구하고 싶다"라고 고다마 셰프는 말한다.

밀가루는 단백질 함유량이 적은 프랑스빵 전용 밀가루를 메인으로, 빵의 볼륨감을 내기 위해 단백질과 회분 함량이 많은 '세이버리'를 섞어 사용한다. 단 '세이버리'의 배합이 많으면 너무 단단해질 수 있어 20% 정도로 제한한다.

'봉 비방'의 빵에 사용하는 설탕은 주로 깊은 맛을 내는 삼온당이지만, 크루아상에 한해서는 수분이 적은 그래뉴당을 사용하여 바삭한 식감을 만든다. 온도가 높은 여름에는 설탕 양을 8% 정도로 약간 줄이는 등 상품의 질이 일정하게 유지되도록 한다.

또한 '봉 비방'에서는 크루아상 생지에 달걀을 사용한다. 구운 색이 잘 드는 동시에 생지의 신전성도 좋아지기 때문이다.

버터는 유키지루시유업의 '파멘트버터'를 사용한다. 옛날 그대로의 제법으로 만든 발효버터로, 수분량이 적고 향이 좋다는 점이 맘에 들어 선택했다.

접을 때는 생지와 버터의 연대감이 매우 중요하다

믹싱이 끝나고 상온 발효를 한 후, 밀가루의 풍미를 내기 위해 생지를 -2℃의 냉장고에서 하룻밤 냉장 숙성을 시킨다. 냉동실에 넣어 발효를 억제시키는 방법도 있지만, 고다마 셰프는 파이가 아니기 때문에 계속 발효를 시켜야 한다고 생각하여, 냉장 숙성으로 만들고 있다. 단, 발효를 너무 많이 하면 버터의 풍미가 사라지고 만다. 그것이 바로 크루아상을 만드는 데 어려운 점이다.

크루아상을 만드는 과정에서 중요한 점은 온도 관리. "보기 좋은 층의 크루아상을 만들기 위해서는, 접을 때 생지와 버터 사이에 연대감이 없으면 안 된다"라고 셰프는 말한다. 생지와 버터를 너무 차게 하면 단단해져 잘 접히지 않고, 반대로 온도가 너무 높으면 과발효가 되고 만다. 동시에 습도도 중요한데, 너무 말라도 너무 축축해도 좋지 않다. 접는 생지의 온도 관리를 철저히 하면, 보기 좋은 층이 생기고 바삭함과 촉촉함이 유지되며 볼륨감 있는 크루아상으로 완성된다. 접은 생지의 온도는 손으로 만졌을 때의 감각으로 최상의 상태를 판단할 수 있다고 한다.

또 한 가지 중요한 점은 굽는 과정이다. 오븐에 넣기 직전까지 좋은 상태여도, 어떻게 굽는지에 따라 크루아상의 맛은 반감될 수 있다.

'봉 비방'에서는 230℃의 오븐에서 13분간 구워 버터의 풍미를 살린다. 덜 구우면 버터의 풍부한 풍미는 나지 않고, 반대로 너무 구우면 필요한 수분까지 날아가 촉촉함이 없어진다.

"극단적으로 말한다면, 크루아상은 버터를 먹는 빵이다. 그 정도로 버터의 풍미가 중요하므로, 버터를 사용한 생지는 만드는 과정 전반에 걸쳐 세심한 주의가 필요하다"라고 고다마 셰프는 말한다.

크루아상 자몽

La boulangerie CALON
라 불랑주리 카롱

오너 셰프 간바야시 신고

쫄깃함과 바삭함의 대비되는 식감을 즐길 수 있다

크루아상의 '바삭한' 식감을 살리면서,
'쫄깃쫄깃한 빵'을 만든다.
-3~-5℃에서 24시간에 걸쳐 하는
독자적인 '냉온 숙성'이 특징이다.

ⓟPoint

_ '냉온 숙성'으로 생지의 맛을 좋게 만든다.
_ 버터 75%를 감싼 리치한 배합

◇ **Variation** ◇

허브소시지 크루아상

허브소시지에 어울리는 건조 로즈마리를 토핑한다. 식감과 포만감이 좋아 남자 손님에게 인기가 많다.

**크림치즈와
반건조살구 크루아상**

프랑스산 살구를 즐길 수 있다. 크림치즈에 단맛과 레몬즙을 넣어 과일의 상큼함을 살렸다.

**밤조림과
스위트감자 크루아상**

직접 만든 스위트감자를 깔고 밤조림을 감싼, 몽블랑같이 달콤한 크루아상.

치즈퐁뒤 크루아상

크루아상을 그릇 삼아 통째로 먹을 수 있는 '치즈퐁뒤'. 따뜻하게 데워 녹인 치즈에 다른 식재료를 넣어 먹으면 더욱 맛있다.

크루아상 자퐁

배 합

테루아(닛신제분) 60%

빌리온(닛신제분) 40%

자가제 발효종 5%

생이스트 4%

소금(시마마스) 2.1%

삼온당 8%

몰트 0.9%

무염파운드버터(요츠바유업) 6%

우유 38%

물 10%

충전용 버터

칼피스 저수분버터(칼피스) 75%

제 법

1. 믹싱	저속 3분, 중속 3분
	반죽 온도 24℃
2. 휴지	실온에서 30분
3. 냉온 숙성	직사각형으로 모양을 정리하고 비닐로 감싸 -3~-5℃의 냉온실에 24시간 둔다.
4. 접기	생지 위에 버터를 밀대로 두드려 늘린다. 3절 접기 3회를 하고 냉온실에 2시간 이상 넣어둔다. 두 번째 접기가 완료된 후 냉온실에서 2시간 휴지시킨다.
5. 자르기·성형	롤러로 2.5mm 두께로 늘린다. 1개당 65g, 밑변 6cm, 높이 12cm의 이등변삼각형으로 자른다. 밑변에서 꼭짓점 방향으로 말아 성형한다.
6. 최종 발효	온도 30℃, 습도 70%에서 1시간 30분
7. 굽기	윗불, 아랫불 200℃에서 15분

기 기

믹서 …… 아이코제작소 버티컬 믹서

오븐 …… 다니코 전기오븐

오리지널 냉온 숙성과 자가제 효모종을 활용한다

'카롱'의 크루아상은 겉의 바삭한 식감과 속의 촉촉하고 쫄깃한 식감의 대비가 특징이다. 일본인이 좋아하는 쫄깃한 식감을 가져 '크루아상 자퐁'이란 이름을 붙였다.

'카롱'의 제빵 특징은 '냉온 숙성'이다. -3~-5℃의 냉온실에서 24시간. 빵 종류에 따라서 72시간 동안 숙성시키기도 한다. 간바야시 신고 오너 셰프는 생지가 촉촉함을 유지한 채 천천히 숙성하면 밀가루 본래의 감칠맛이 살아난다고 말한다. 생지를 완전히 동결하지 않아야 해동할 때 겉은 퍼지고 속은 언 상태처럼 실패할 확률이 적어지고 냉온실에서 꺼내자마자 바로 성형할 수 있다.

"숙성이 천천히 진행되기 때문에 숙성에서 성형까지 2시간 전후가 걸린다. 여러 종류의 빵을 만들 때 일에 쫓기지 않아 만드는 사람에게도 수월한 공정이다"라고 간바야시 셰프는 말한다.

크루아상처럼 버터의 양이 많고 생지 층이 무너지지 않아야 하는 상품일 때, 이런 냉온 숙성은 효과를 발휘한다.

깊은 맛과 감칠맛을 내기 위해 향이 좋은 자가제 효모종과 안정성이 좋은 생이스트를 5:4의 비율로 사용한다. 자가제 효모종은 건포도를 물에 담가 일주일간 둔 '액효모' 1에 밀가루 2의 비율로 합쳐 일주일간 둔 후, 물에 섞은 밀가루를 넣어 만든다. 신맛이 많이 느껴지지 않도록 3일 안에 모두 사용하고 다시 새로 준비한다.

밀가루는 캐나다산 '빌리온'과 프랑스산 밀가루를 블렌딩하여 사용한다. '빌리온'은 장시간 발효시키면 속이 쫄깃하게 만들어지고, 프랑스산 밀가루는 겉이 바삭하게 구워진다. '일본인의 피가 40% 정도 흐르는 친숙한 프랑스인' 같은 느낌이다.

버터는 충전용으로 '칼피스 저수분버터'를 사용한다. 수분이 적어 생지가 처지지 않고, 확실한 향미를 가진다. 발효 버터로 대신할 수 있다.

믹싱한다. 반죽이 되면 컨디셔너에 넣어 상온에서 30분간 휴지시킨다.

직사각형으로 모양을 다듬어 비닐로 감싸고, 냉온실에 24시간 둔다.

버터가 너무 부드러워지지 않도록 주의하며, 면포를 덮은 채 밀대로 두들겨 직사각형으로 늘린다.

3절 접기를 2회 하고 냉온실에 최소 2시간 넣어둔다. 다음 3절 접기를 1회 하여, 다시 냉온실에 2시간 이상 둔다.

롤러로 2.5mm 두께로 늘리고 밑변 6cm, 높이 12cm의 이등변삼각형으로 자른다. 1개당 65g이다.

온도 30℃, 습도 70%의 발효실에서 1시간 30분간 발효시킨다.

굽기는 윗불·아랫불 200℃의 오븐에서 15분. 너무 진한 색이 들지 않도록 오븐의 온도를 약간 낮게 설정한다.

버터는 75%로, 비교적 많은 양을 넣은 매우 리치한 크루아상이다. 병설되어 있는 케이크 전문점의 상품과 함께 진열해도 전혀 손색이 없는 빵이다.

"버터를 많이 사용할 때는 생지 자체의 단맛을 줄이는 것이 고소함을 돋보이게 하는 포인트이다."

도쿄 고쿠분지의 1호점에서는 '일상의 빵'이라는 콘셉트로 충전용 버터를 50%로 줄여 만든, 비교적 가벼운 식감의 크루아상을 선보이고 있다.

구운 색과 당분의 조절로 고소함을 돋보이게 한다

충전용 버터 이외의 모든 재료를 저속 3분, 중속 2분으로

크루아상

Boulangerie IANAK!

불랑주리 이아낙!

오너 가나이 다카유키

씹는 식감과 생지의 맛을 제대로 즐길 수 있는 크루아상

간판상품이자 주력 상품으로 팬층이 두텁다.
촉촉한 속, 바삭한 식감, 부드러운 단맛이 특징이다.
대니시 생지와 병용하며
10종류의 응용상품도 있다.

ⓟoint

_ 바삭한 식감을 내기 위해 밀가루를 블렌딩한다.
_ 생지 맛이 확실히 느껴지며, 씹는 느낌이 좋은 속

◇ **Variation** ◇

크루아상 쇼콜라

프랑스신 비터 초콜릿의
풍미가 전혀 다른 맛으
로 변신했다. 초콜릿은 2
개를 넣는다.

다크체리 대니시

커스터드크림을 짜 넣고,
시럽으로 절인 다크체리
를 토핑한다.

시나몬 너츠

시나몬슈거의 항과 호두
의 고소함이 매력적이다.
생지에 재료를 말고 이
등분한 후 틀에 넣어 굽
는다.

# 크루아상

배 합

리스도르(닛신제분) 60%

레장데르(닛신제분) 20%

TYPE ER(에베쓰제분) 20%

인스턴트이스트 1%

소금 2.1%

그래뉴당 13%

발효버터(유키지루시유업) 5%

달걀 5%

물 45%

르뱅 리퀴드 ■ 15%

충전용 버터

발효시트버터(유키지루시유업) 생지 1831g당 500g

■ 르뱅 리퀴드는 호밀로 만든 자가제 효모이다. 다음의 순서로 만든다. 호밀과 물을 동량으로 섞어 하룻밤 두어 종을 만든다. 다음 날, 종, 호밀, 물을 동량으로 합쳐 하룻밤 두고 이것을 5회 정도 계속하여 원종을 만든다. 밀가루 1에 대해 물은 1.2, 원종은 0.5의 비율로 배합하고, 28℃에서 24시간 발효시킨다. 이 작업을 한 번 더 반복하면 완성. 온도나 시간은 전용기기로 관리한다.

제 법

1. 믹싱	저속 1분	
	↓ (물, 달걀, 르뱅 리퀴드)	
	저속 1분 30초, 중속 1분	
	반죽 온도 20℃	
2. 분할	1831g으로 분할하여 가볍게 둥글린다.	
3. 1차 발효	28℃의 실온에서 1시간	
4. 냉동	0℃에서 24시간 숙성	
5. 접기	생지를 롤러로 늘리고 한쪽 면에 버터를 올려 감싼다. 점점 얇게 늘려 4절 접기를 2회 하고, -5℃의 냉동실에서 2시간 휴지시킨다.	
	첫 번째 접기를 완료한 후, -5℃의 냉동실에서 1시간 정도 휴지시킨다.	
6. 자르기·성형	3mm 두께로 늘리고 1개 60g의 이등변삼각형으로 자른다.	
	밑변에서 꼭짓점 방향으로 말아 성형한다.	
7. 냉동	-5℃의 냉동실에서 12시간	
8. 최종 발효	온도를 조금씩 올려 온도 28℃ 이하, 습도 90%에서 2시간 30분	
9. 굽기	윗불 260℃, 아랫불 190℃에서 13분	

기 기

믹서 …… 아이코제작소 버티컬 믹서

오븐 …… 미베사 전기오븐

빵의 맛을 보다 잘 전달해주는
씹는 느낌이 좋은 식감

"크루아상은 간판상품이자 주력하고 있는 소중한 아이템이다. 만드는 방법에 따라 서로 다른 크루아상이 만들어지기 때문에 여러 번의 시행착오가 필요했다"라고 가나이 다카유키 오너 셰프는 말한다. 가나이 셰프가 추구하는 것은 겉은 바삭하고 속은 촉촉하며 씹을수록 맛이 나는 크루아상이다. 빵의 맛을 보다 잘 전달하기 위해서는 씹는 느낌이 좋아야 한다고 생각한다.

이런 크루아상을 위한 중요한 포인트는 접는 방법에 있다. 4절 접기 2회로 16층을 만들고, 한 장 한 장의 층을 제대로 살려 이상적인 식감을 실현한다.

밀가루는 오랫동안 익숙하게 사용해온 '리스도르'를 메인으로, 바삭하게 만들어주는 '레장데르', 향이 좋으면서도 바삭한 식감을 내는 'TYPE ER'의 3종류를 블렌딩한다. 가나이 셰프는 여러 번의 실험을 통해 밀가루를 선택했다고 한다. 전에는 '리스도르'와 '레장데르' 2종류를 사용하였지만, 촉촉함이 너무 강해 좀 더 바삭한 식감을 내기 위해 다른 빵에 사용 중이던 'TYPR ER'을 도입하게 되었다.

'크루아상은 단맛을 가진 빵'이라는 이미지를 가지고 있던 가나이 셰프는 단맛도 하나의 요소로 생각하여 설탕을 13% 배합한다. 자가제 효모인 르뱅 리퀴드도 단맛을 내는 재료 중 하나로, 씹으면 씹을수록 질리지 않는 단맛이 난다는 점이 매력이다. 또한 풍미가 더욱 좋아지고 보존성을 높이는 효과도 있다.

0℃에서 24시간 숙성시켜,
풍미와 감칠맛이 풍부한 생지를 만든다

우선 물 이외의 재료를 합쳐 저속으로 1분간 믹싱한다. 생지를 균일하게 만들기 위해 이 단계에서 재료를 골고루 섞어두는 것이 포인트이다. 그다음, 물을 넣고 저속으로 1분 30초, 중속으로 1분간 돌린다. 물을 45%로 적게 배합하는 것은 르뱅 리퀴드를 넣는 점을 고려했기 때문이다.

다음 공정에서 생지를 천천히 발효시켜 숙성시키므로 반죽 온도는 약간 낮은 20℃로 설정했다. 가볍게 분할·둥글리기를 한 후 실온에서 1차 발효를 한다. 장시간 숙성시키므로 발효가 너무 많이 진행되지 않도록 주의한다.

다음의 0℃의 저온에서 24시간 동안 천천히 발효시키는 숙성 공정은 풍미와 감칠맛이 좋은 생지를 만들기 위한 중요한 과정이다. 이 과정에서 밀가루의 맛이 살아나고 빵 맛도 형성된다고 할 수 있다. 이스트도 천천히 발효되는 인스턴트이스트를 선택하였다.

접기는 앞서 설명한 대로 4절 접기를 2회 한다. 생지에 상처를 주지 않도록 중간에 1시간 냉동실에서 휴지시켜가며 첫 번째는 5mm, 두 번째는 4.5mm로 늘린 후 2시간 휴지시키고 최종 두께를 3mm로 만든다.

충전용 버터는 유키지루시유업의 발효버터인 '파멘트 시트버터'를 선택했다. 잘 늘어나는 특징이 있어 충전용으로 알맞기 때문이다.

자른 후에는 너무 얇아지지 않도록 주의하며 여러 번 말아 층이 보다 잘 살도록 성형한다. 또한 양 끝부분은 바삭한 식감이 나도록 가늘게 정리한다.

그대로 최종 발효에 들어가면 생지가 터질 수 있으므로, 한 번 저온에서 휴지하여 안정시키고 2시간 반 정도 최종 발효를 한다. 시간은 어디까지나 기준이며, 생지가 끈적이지 않고 건조되면 굽기 시작한다.

윗불 260℃, 아랫불 190℃에서 13분, 고온으로 단시간에 구워 얇은 층과 바삭한 식감을 만든다. 윤기 나는 것을 선호하지 않아 달걀물은 바르지 않는다.

크루아상

Boulangerie Sel eau ble
불랑주리 셀 오 블레

셰프 이토 아키코

다음 날에도 맛과 식감이 유지되는 크루아상

더욱 바삭하게 만들기 위해 중력분 외에
초강력분도 넣어 배합을 조절한다.
또한 굵은 소금으로 부드럽게 만들고
우유를 많이 넣어 리치하게 완성한다.

ⓟoint

_ 슈퍼킹을 20% 넣어 더욱 바삭하게 만든다.
_ 굽는 정도를 조절하여 진한 갈색으로 굽는다.

◇ **Variation** ◇

계절 크루아상

계절 한정 크루아상. 사
진은 세크림소스 위에
브로콜리와 단호박을 올
리고, 빵가루를 뿌려 구
운 상품이다.

크루아상 소시지

피자소스 위에 소시지와
파슬리를 올린 크루아상.
마요네즈를 사용한 유일
한 상품으로 남자 손님
에게도 인기가 많다.

크루아상 쇼콜라

쓴맛과 단맛의 밸런스가
좋은 벨기에산 퓨라토스
(Puratos) 초콜릿을 생지
로 감싼다. 생지의 식감
과 밸런스가 절묘하다.

미니 크루아상

일반 크루아상 크기의
2/3 정도이다. 적당히
단 시럽을 발라. 아이들
도 먹기 좋은 달콤한 크
루아상으로 만든다.

크루아상

배 합

리스도르(닛신제분) 80%

슈퍼킹(닛신제분) 20%

사프 인스턴트이스트 1.2%

플뢰르 드 셀(Fleur de sel, 하카타 소금) 2%

그래뉴당 8%

발효버터(메이지유업) 5%

우유 35%

물 15~20%

충전용 버터

발효파운드버터(메이지유업) 생지 1700g당 54%

제 법

1. 믹싱   발효버터, 그래뉴당, 소금을 2단으로 2~3분 돌려 섞는다.

↓ (밀가루, 이스트)

2단으로 20초

↓ (우유, 물)

저속 3분

반죽 온도 22℃

2. 1차 발효   20~26℃의 실온에 30분~1시간 동안 둔 후 -20℃의 냉동실에 2시간 넣는다. 펀치를 하고 -20℃의 냉동실에 1시간 넣어둔다.

3. 접기   롤러로 늘리고 버터를 사방에서 감싼다.

3절 접기 3회 후 -20℃의 냉동실에 1시간 넣는다.

두 번째 접기를 완료한 후 -20℃의 냉동실에서 1시간 휴지시킨다.

4. 자르기·성형   최종 3mm 두께로 늘려 밑변 9cm, 높이 15cm의 이등변삼각형으로 자르고, -20℃의 냉동실에 30분~1시간 넣어둔 후 성형한다.

-20℃의 냉동실에 하룻밤 넣어둔다.

5. 최종 발효   온도 30℃, 습도 80%에서 1시간

6. 굽기   전란을 바르고 윗불 210℃, 아랫불 170℃에서 18분

기 기

믹서 …… 아이코제작소 버티컬 믹서

오븐 …… 전기오븐

재료의 배합을 잘 조절하여 더욱 바삭하게 만든다

'다음 날 다시 데우지 않아도 맛있게 먹을 수 있고, 느끼함이 적은 크루아상', 이 두 가지를 염두에 두며 매일매일 심혈을 기울여 만들고 있다는 이토 아키코 셰프.

그러기 위해서는 식감이 더욱 바삭해지도록 굽는 정도를 조절하고 짙은 색으로 굽는 것이 중요하다고 생각하여 설탕과 버터의 분량을 늘리거나 밀가루의 배합을 조절했다. 과학적인 것보다 이토 셰프만의 감각을 우선시하여 시행착오를 반복했다. 그 결과, 현재 만족할 정도의 굽기가 완성되었다.

밀가루는 중력분인 '리스도르' 외에 초강력분인 '슈퍼킹'을 사용한다. 이때 포인트는 밀가루의 배합이다. '리스도르'를 80%, '슈퍼킹'을 20% 합치는데, '슈퍼킹'의 양에 따라 맛과 바삭한 정도가 전혀 달라진다. 전에는 다른 초강력분을 30% 배합하였는데, 생지를 다루는 데 어려움이 있었다. '슈퍼킹'으로 바꾸고 배합을 20%로 달리해보니, 10%를 줄이는 것만으로 생지의 탄력이 좋아지고 바삭함이 살아났다.

재료 또한 신중하게 선택한다. 굵은 소금을 사용하여 부드러움을 주고, 은은한 치즈 향을 가진 메이지유업의 발효버터를 사용한다. 또한 우유를 많이 배합하여 진한 맛을 연출한다.

은은한 단맛에 느끼하지 않으며, 층도 하나하나 잘 살아 있어 먹기 좋은 크루아상이 완성되었다. 어린아이부터 노인까지 손님의 층이 폭넓고, 식사용으로 구입하는 손님도 많다.

진한 색을 내기 위해 잘 조절하여 굽는다

우선 발효버터, 그래뉴당, 소금을 믹서에 넣고 크림화한다. 이때 버터를 냉장고에서 꺼내 바로 넣기 때문에 점도가 잘 생기고 쉽게 크림 상태가 된다. 전체가 잘 섞이게 크림화한 후 다른 재료를 넣어 믹싱하는 것이 효과적이다.

1차 발효 때 냉동실에 넣어둔 생지에 펀치를 한 번 하는 것은 생지 속까지 차갑지 않기 때문에 생지 전체를 차가운 상태로 균등하게 만들기 위해서이다. 생지 전체의 온도가 고르면 발효도 균일하게 된다.

접기는 3절 접기를 3회 한다. 처음에는 생지를 7mm 두께의 정사각형으로 늘리고 마름모 모양으로 두들겨 늘린 파운드버터를 감싼다. 그리고 4mm 두께로 3절 접기를 2회 하여 -20℃의 냉동실에 넣는다. 냉동실에 넣으면 생지 접기가 수월해지고 층이 확실하게 구워진다. 단, 생지가 얼지 않도록 주의해야 한다.

계속하여 4mm 두께로 3절 접기를 1회 하고 -20℃의 냉동실에 1시간 넣어둔다. 최종 두께 3mm로 늘려 자른 후 성형한다.

성형에서 생지를 밑변부터 말 때 층이 눌리지 않도록 하여 단면을 유지한 채 감는 것이 포인트이다. 이렇게 하면 층이 훨씬 잘 부풀어 식감도 더욱 좋아진다.

설탕의 양을 늘리고 '슈퍼킹'을 20% 배합하여 만든 효과는 어떻게 굽느냐에 달려 있다. 생지를 실온에서 반건조시켜 전란을 바르고 윗불 210℃, 아랫불 180℃의 오븐에서 18분간 굽는다. 진한 색을 내기 위해서는 이 정도의 온도와 시간이 필요하다.

크루아상

Boulangerie IÉNA
불랑주리 이에나

셰프 안도 쇼지로

기본을 지키면서도 작업성을 고려한 제법

크루아상의 특징과 작업성을 고려해,
생지를 1차 발효한 후 바로 냉동하는 것이
'이에나'의 제법이다.
심플하며, 몇 개를 먹어도 질리지 않는다는 점이
매력 중 하나이다.

Point

_특별한 재료를 사용하지 않고 제법으로 개성을
표현한다.
_접기 작업을 신속하게 하여 생지가 처지지 않도록
한다.

◇ **Variation** ◇

베이컨 크루아상

베이컨을 말고 치즈와
검은 후추를 토핑하여
구운 식사용 크루아상.

소시지

가늘고 긴 크루아상 생
지로 소시지를 돌돌 말
았다. 치즈와 파슬리를
뿌려 굽는다.

쇼콜라

약간 쌉쌀한 맛의 초콜
릿을 한 장 넣는다. 피넛
을 토핑해 굽고 설탕을
뿌려 완성한다.

크루아상

배 합

리스도르(닛신제분) 50%

슈퍼킹(닛신제분) 50%

생이스트 3.5%

소금 2.2%

그래뉴당 10%

탈지분유 3%

몰트엑기스 0.5%

물 50%

충전용 버터

시트무염버터(메이지유업) 생지 1700g당 500g

제 법

1. 믹싱	저속 8분
	반죽 온도 24℃
2. 상온 발효	60분
3. 분할·둥글리기	1700g으로 분할하여 둥글린다.
4. 냉동	-3~-5℃에서 최소 4~5시간
5. 접기	3절 접기 2회 후, -3~-5℃의 냉동실에 하룻밤 그대로 둔다.
	다음 날 아침, 3절 접기를 1회 하여 최종 두께가 2.5mm가 되도록 한다.
6. 자르기·성형	50g의 이등변삼각형으로 잘라, 밑변에서 꼭짓점 방향으로 돌돌 만다.
7. 최종 발효	온도 34℃, 습도 75%에서 2시간 30분~3시간
8. 굽기	솔로 달걀물을 바르고 윗불 250℃, 아랫불 0℃(오븐에 넣을 때 아랫불을 끈다)에서 10분 전후

기 기

믹서 …… 간토혼합기공업 스파이럴 믹서

오븐 …… 고토부키베이킹머신 전기오븐

기본 생지에 충실한 '이에나'의 빵 만들기

가볍고 입안에서 사르르 녹는 느낌이 매력적인 '이에나'의 크루아상.

안도 셰프는 생지 만들기를 특히 중요하게 생각한다. 특별한 재료나 기계를 사용하여 특별한 생지를 만드는 것을 의미하는 것이 아니다. 기본적인 재료를 사용하고 작업성을 고려하면서 '이에나'만의 맛과 식감을 가진 빵을 만드는 것이다.

크루아상도 이런 생각으로 만들고 있다. 안도 셰프가 추구하는 크루아상은 먹을 때 우선 바삭한 식감이 느껴지고, 그 후에는 약간 여운이 남는 것이다. 먹은 후에도 은은한 생지의 향이 코끝에 남는 듯한 크루아상을 만들려고 한다. 그래서 선택한 밀가루는 '리스도르'와 '슈퍼킹', 2종류이다. 안도 셰프는 '빵과 같은 느낌의 크루아상'을 만들기 위해서는 글루텐도 필요하다고 말한다. '리스도르'만으로는 너무 묵직하여 가벼운 식감을 내는 '슈퍼킹'을 배합했다.

충전용 버터는 메이지유업의 시트버터이다. 생지와의 밸런스를 고려하여 척척하지 않고 잘 늘어나는 것으로 선택했다.

그래뉴당은 10%로, 약간 많이 배합하지만 단맛은 처음에만 느껴진다. 마지막에는 짠맛이 느껴지도록 만들었다.

최종 발효를 한다. 달걀물을 발라 윗불 250℃, 아랫불 0℃(생지를 넣을 때는 아랫불을 끈다)에서 10분 전후로 굽는다. 확실하게 구워야 고소한 맛이 잘 산다.

안도 셰프가 공정에서 특히 중요시하는 점은 접기를 신속하게 하는 것이다.

크루아상에서 버터를 접을 때, 생지와 버터의 단단함을 같게 만드는 것이 기본이다. 그래야 접기 작업이 순조롭게 진행되고, 보기 좋은 층이 만들어진다. '이에나'에서는 14℃에서 보관한 시트버터를 사용하고 여기에 생지 상태를 맞추어 접기 작업에 들어간다.

최종 발효 시 발효실 온도는 34℃로, 약간 높게 설정하는 것도 특징 중 하나이다. 이 온도 설정이 버터가 최대한 녹지 않는 온도라고 한다. 발효실 온도를 높게 설정하면 생지를 관리하기 어렵지만, 발효 시간을 단축할 수 있다는 장점이 있다.

'이에나'에서는 대니시에도 크루아상 생지를 활용한다. 모든 과정이 같지는 않으며 최종 발효 시간을 1시간~1시간 30분으로 크루아상보다 짧게 한다. 따라서 식감은 좀 더 바삭하고, 크루아상과 비교했을 때 짠맛이 덜 느껴진다.

최종 발효의 온도를 34℃로 높이 설정하여 작업성을 향상시킨다

모든 재료를 넣고 저속으로 8분간 믹싱한다. 상온 발효를 1시간 한 후, 분할하고 둥글려 바로 -3~-5℃로 냉동한다. 이때 냉동하는 이유는 생지를 버터와 접을 수 있는 상태로 가능한 빨리 만들기 위해서이다.

접기는 3절 접기 3회. 2회까지는 연속하여 작업하고 -3~-5℃의 냉동실에 넣어 하룻밤 그대로 둔다. 다음 날 아침 세 번째 접기 작업을 하여 2.5mm 두께로 늘린다. 50g의 이등변삼각형으로 자르고 밑변에서 꼭짓점 방향으로 돌돌 말아 성형한다.

온도 34℃, 습도 75%의 발효실에 2시간 반~3시간 넣어

크루아상

BROTLAND

브로트랜드

버터 냄새를 줄이고 단맛을 살린 크루아상

❶ Point

_설탕을 10% 배합하여 달게 만든다.
_버터와 생지의 단단한 정도를 맞춰,
　보기 좋은 층을 만든다.

◇ **Variation** ◇

팽 오 레쟌

직접 만든 아몬드크림과 건포도로 만든, 브로트랜드의 최고 추천상품.

어른을 위한 쇼콜라

코코아를 넣은 쌉쌀한 맛의 크루아상 생지로 프랑스산 바통쇼콜라를 감싸 만든다.

허니 크루아상

기존 상품인 '허니 브레드'를 응용한 것이다. 꿀의 자연스러운 단맛을 살려 만든다. 과자빵으로도 제격이다.

호밀 크루아상

호밀을 30% 배합했다. 굵은 입자와 고운 입자를 블렌딩하여 풍미를 높였다. 은은한 산미가 특징이다.

크루아상

배 합

리스도르(닛신제분) 50%

TYPE ER(에베쓰제분) 50%

생이스트 3.5%

소금(하카타 소금) 2%

상백당 10%

탈지분유 2%

메이지 무염버터 5%

물 54%

충전용 버터

무염파운드버터(메이지유업) 55%

제 법

1. 믹싱	저속 1~2분	
	(밀가루, 설탕, 소금, 탈지분유)	
	↓ (버터)	
	저속 4~5분	
	↓ (생이스트, 물)	
	저속 4분	
	반죽 온도 24℃	
2. 보관(바로 작업하지 않는다)	냉동실에 5~6시간 동안 넣어둔다.	
3. 접기	생지와 버터의 단단한 정도를 같게 만들어 정사각형으로 늘린 후, 버터를 감싼다. 3절 접기 3회, 접기 작업을 1회 할 때마다 냉동실에서 10분간 휴지시킨다.	
4. 자르기·성형	밑변 10cm, 높이 16cm의 이등변삼각형으로 잘라, 밑변에서 꼭짓점 방향으로 돌돌 말아 성형한다.	
5. 최종 발효	온도 31℃, 습도 70%에서 1시간~1시간 30분	
6. 굽기	전란을 솔로 바르고 윗불 220℃, 아랫불 190℃에서 15분	

기 기

믹서 …… SK믹서 버티컬 믹서

오븐 …… 파바이에 컨벡션 오븐

버터와 생지의 밸런스를 고려한 접기 작업

과자빵과 대니시 등에 중점을 둔 '브로트랜드(빵의 나라)'. 그 외에도 오리지널 빵을 다양하게 제공하여 단골고객이 많다.

'브로트랜드'에서는 그대로 먹어도 맛있는 크루아상을 추구한다. 버터의 풍미를 추구하는 곳은 많지만, '브로트랜드'에서는 반대로 버터 특유의 '냄새'를 줄이고 그 대신 단맛을 살려 만드는 것이 특징이다. 단맛은 많은 사람들이 맛있다고 느끼는 미각이기 때문이다.

따라서 설탕은 밀가루의 10%로, 많은 양을 배합한다. 버터는 충전용 외에도 생지가 잘 늘어나도록 반죽에도 5%를 넣는다. 버터를 총 60% 사용하는 리치한 배합이지만, 풍미가 강한 발효버터를 사용하지 않아 버터 특유의 향이 잘 나지 않도록 했다.

밀가루는 전에는 프랑스빵 전용 밀가루인 '리스도르'를 100% 사용하였지만, 최근에는 'TYPE ER'을 동량으로 블렌딩하여 사용한다.

'TYPE ER'을 넣어 밀의 맛과 향을 한층 향상시키는 데 성공했다. 이 두 밀가루는 하드계열 빵에도 사용한다.

'브로트랜드'의 크루아상은 매일 오전 중에 생지를 준비하고, 저녁에 굽는다. 한 명의 스태프가 전담하여 능숙하게 만들고 있다.

제법에서 가장 중요한 포인트는 접는 방법. 특히 버터와 생지의 단단함을 맞춰 밸런스를 잡는 것이 중요하다.

접기 전에 우선 버터를 손가락으로 눌러보고 단단한 정도가 생지와 비슷해질 때까지 상온에 둔다. 버터가 너무 부드러우면 생지에 버터가 너무 퍼져 층이 보기 좋지 않으므로 주의해야 한다. 접기는 3회 반복하는데, 1회 할 때마다 냉동실에서 휴지시킨다. 이때, 버터와 생지는 차가워지는 속도가 다르다는 점을 염두에 두어야 한다. 냉동실에서 너무 휴지시키면 속의 버터가 얼어, 롤러로 늘릴 때 생지가 찢어진다. 생지를 냉동실에서 휴지시키는 시간은 10분을 기준으로 하지만, 손으로 만져 상태를 확인해가며 시간을 조절한다.

부재료의 특성을 살려 응용 크루아상을 만든다

'브로트랜드'에서는 '호밀 크루아상', '흑설탕 크루아상', '허니 크루아상', '맥아 크루아상' 등 다른 가게에서 볼 수 없는 오리지널 빵을 만들어 호평을 받고 있다. 모두 다른 빵에 사용한 부재료를 활용해 만든 크루아상이다.

이런 크루아상을 만들 때는 부재료의 특성과 연관되므로 배합에도 심혈을 기울여야 한다. 크루아상을 응용상품으로 만들 때는 수많은 시행착오를 거치게 된다.

가장 고심하여 개발한 것은 벌꿀을 사용한 '허니 크루아상'이다. 크루아상에 벌꿀을 넣을 경우, 어떻게 만들어도 벌꿀보다 버터의 풍미가 강하게 느껴진다. 벌꿀 특유의 풍미를 내기 위해서는 벌꿀을 밀가루의 20% 이상 넣어야 하지만, 그만큼 벌꿀을 넣으면 생지는 축 처지고 볼륨도 줄어든다. 시행착오를 거친 끝에 강력분을 섞는 방법을 연구하여 볼륨감을 만들 수 있게 되었다. 호밀을 넣은 '호밀 크루아상'도 마찬가지로 볼륨이 잘 만들어지지 않는 난점을 강력분으로 해결하여 상품으로 만들었다.

크루아상

POURQUOI
푸르쿠아

오너 셰프 간다 스나오

층층이 살아 있는 겉과 쫄깃한 속

가장 중요시하는 것은 크루아상의 식감이다.
겉은 바삭하고 씹는 느낌이 좋으며
반대로 속은 쫄깃한 상태를 목표로 하여,
배합과 공정에 심혈을 기울인다.
총 6가지의 응용 크루아상이 있다.

Point

_ 바삭함을 살리기 위해, 접는 횟수와 굽기에 심혈을
기울인다.
_ 직접 만든 효모를 사용하고 세게 반죽하여, 속은
쫄깃쫄깃하게 완성한다.

◇ **Variation** ◇

캐러멜 쇼콜라

고운 생지를 사용하여,
바삭함을 보다 강조한다.
초코커스터드와 견과류
를 올려 굽고, 초코와 오
렌지필로 장식한다.

크루아상 오 자망드

아 마 레 토   사 바 랭
(Amaretto savarin)을 넓
게 펴고 아몬드크림을
바른 후, 아몬드슬라이스
를 토핑한다.

크루아상 쇼콜라

잘게 다진 아몬드를 넣은
고소한 초콜릿을 사용한
다. 두툼한 스틱 모양으
로 존재감이 돋보인다.

크루아상 오 사츠

생지에 주사위 모양으로
썬 고구마를 말고, 틀에
넣어 앙증맞게 구운 상
품. 팥과 조린 사과를 넣
은 응용 버전도 있다.

크루아상

배 합

TYPE ER(에베쓰제분) 80%

슈퍼카멜리아(닛신제분) 20%

사프 인스턴트드라이이스트(레드) 1.5%

소금(시마마스) 2%

그래뉴당 5%

몰트 0.2%

우유 45%

물 8~10%

르뱅 리퀴드 ▪ 15%

충전용 버터

발효시트버터(메이지유업) 생지 1800g당 500g

> ▪ 르뱅 리퀴드는 호밀로 만든 자가제 효모이다. 르뱅 리퀴드 1에 밀가루 1, 물 1.4, 몰트 약간, 꿀 약간을 전날 배합한 후, 27℃에서 5시간 발효시켜 완성한다. 10℃에서 냉장보관한다. 온도나 시간 등은 전용기기로 관리하고 있다.

제 법

1. 믹싱　　　　저속 5분, 고속 4분
　　　　　　　반죽 온도 24℃

2. 상온 발효　실온에서 1시간

3. 분할　　　　1800g으로 분할

4. 냉동　　　　-15℃의 냉동실에서 3시간

5. 접기　　　　롤러로 늘려 버터를 감싼다. 얇게 늘리면서 3절 접기를 2회 한 후,
　　　　　　　-15℃의 냉동실에서 2~3시간 휴지시킨다.
　　　　　　　첫 번째 접기가 완료된 후 -15℃의 냉동실에 5분 정도 넣어둔다.

6. 자르기·성형　3mm 두께로 늘려 밑변 7cm, 높이 14cm의 이등변삼각형으로 자르고,
　　　　　　　-15℃의 냉동실에서 2시간 휴지시킨다.

7. 성형　　　　밑변에서 꼭짓점 방향으로 돌돌 말아 성형한다.

8. 냉동　　　　-15℃의 냉동실에서 보관한다.

9. 최종 발효　전날 밤에 3℃의 도우컨디셔너에 넣어두고, 굽기 3시간 전에 온도를
　　　　　　　천천히 올려 30℃를 만든다.

10. 굽기　　　전란을 두 번 솔로 바르고, 윗불 240℃, 아랫불 180℃에서 10분
　　　　　　　굽는다. 불을 끄고 10분 정도 잔열로 익힌다.

기 기

믹서 …… 켐퍼 스파이럴 믹서

오븐 …… 미베 전기 오븐

무엇보다도 식감에 중점을 두고 배합한다

겉은 바삭하고 층이 확실하게 느껴지며, 속은 쫄깃한 식감. 간다 스나오 오너 셰프가 추구하는 크루아상이다.

하지만 처음부터 이런 스타일은 아니었다. 이전에는 속까지 바삭한 크루아상을 만들었다고 한다. 계기는 메종 카이저(Maison Kayser, 프랑스의 유명 베이커리 브랜드)의 일본 상륙이었다. 겉은 바삭바삭, 속은 쫄깃한 크루아상을 만나고 충격을 받은 간다 셰프는, 그 비법이 르뱅 리퀴드의 배합이라는 것을 알고 직접 만들어보고 싶었다고 한다.

현재 '푸르쿠아'에서 사용하는 르뱅 리퀴드는 가게를 이전하기 전 도쿄 도라몬에 있을 때부터 계속 사용해온 자가제이다. 쫄깃함을 내기 위해 넣지만, 맛과 향이 향상되는 효과도 있다. 크루아상뿐만 아니라 '푸르쿠아'의 빵 전체에 이스트와 병용하고 있는데, 각각 좋은 특징을 가진다.

'푸르쿠아'가 있는 가나가와·쇼난 지역은 베이커리가 많을 뿐 아니라 빵에 대한 흥미와 수요가 높기로 유명하다. 손님들의 빵에 대한 지식이 높은 점도 있고, 일본산 밀에 대한 요청이 많아 간다 셰프는 모든 빵에 일본산 밀을 사용하기로 결정했다. 크루아상에는 회분이 높은 홋카이도산의 'TYPE ER'을 메인으로 하고, 힘이 약한 점을 보충하고 쫄깃함을 더하기 위해 '슈퍼카멜리아'를 20% 정도 블렌딩하여 사용한다.

반면 바삭한 식감을 위한 재료 중 포인트는 반죽에 버터를 넣지 않는다는 점, 폭신한 탄력을 내는 설탕을 5%로 제한하여 배합한다는 점이다. 당분이 적은 만큼 구운 색이 들기 어려우므로, 몰트로 색을 보충하여 먹음직스럽고 고소해 보이는 색으로 완성했다.

확실하게 믹싱하고, 3절 접기를 2회 하여 9층을 만든다

믹싱은 준비 양에 따라 달라지지만, 밀가루 5kg의 경우 저속 5분, 고속 4분이다. 크루아상은 믹싱을 비교적 적게 하는 경우가 많은데, 쫄깃함을 내기 위해서는 반죽을 제대로 해야 한다.

1시간 동안 상온 발효를 하고 분할한 후, 접기 쉬운 상태를 만들기 위해 냉동실에 3시간 정도 넣어둔다. 이때, 휴지를 너무 길게 하면 버터가 갈라져 생지가 보기 좋게 퍼지지 않으므로 적당한 시간 동안 휴지시키는 것이 중요하다.

그다음 진행되는 접기 과정은 바삭한 식감을 내는 데 중요한 포인트. 전에는 3절 접기를 3회 하여 27층을 만들었지만, 현재는 3절 접기를 2회 하여 9층을 만든다. 보다 층을 적게 만들어 바삭한 식감을 강조한다. 생지는 첫 번째 접기 때 5mm, 두 번째 접기 때 4mm로 늘리고, 성형할 때는 생지가 찢어지지 않도록 냉동실에서 2시간 휴지시킨 후 3mm로 조금씩 늘려 생지에 손상이 적게 가도록 한다.

이틀 사용분을 준비하기 때문에, 성형 후에는 냉동 보관한다. 굽기 전날 밤에 3℃의 도우컨디셔너에 넣은 후, 온도를 조금씩 올려 최종 30℃를 만든다. 굽는 시점은 시간이 아니라 생지의 팽창 정도를 보고 결정한다. 생지를 확실하게 믹싱해 오븐 스프링이 잘 일어나므로, 발효는 많이 시키지 않고 성형 때보다 약간 크게 팽창되었을 때 굽기 시작하면 된다. 발효를 너무 많이 하면 식감이 좋지 않다.

고온에서 10분간 구운 후 다시 불을 내려 잔열에 10분간 두는, 독자성이 돋보이는 방법으로 굽고 있다. 이렇게 하면 고소해 보이는 색으로 구워지고, 겉은 하나하나 층이 잘 생길 뿐 아니라 속까지 열이 잘 전달된 크루아상으로 완성된다.

크루아상

Boulangerie eze bleu
불랑주리 에즈 블루

오너 셰프 시마다 다카유키

버터의 온도 관리에 주의하며 늘린다

바삭하지만 파이 같지 않고, 속은 촉촉하다.
버터의 풍미와 빵 생지의
밸런스가 좋은 크루아상이다.
버터의 온도 관리를 가장 중요한 포인트로
삼아 만든다.

ⓟoint

_ 반죽 온도는 18℃
_ 촉촉한 식감의 속

초코 코르네 크림

초콜릿 커스터드크림과
휘핑크림을 섞어 넣는다.

캐러멜 바나나

커스터드크림과 캐러멜
소스를 안에 짜 넣는다.
토핑은 바나나와 휘핑크
림이다.

감자 그라탱

우유와 생크림으로 익힌
감자를 크루아상 생지에
넣어 굽는다.

피치

캐러멜크림과 커스터드
크림을 안에 짜 넣는다.
백도와 휘핑크림을 토핑
한다.

크루아상

배 합

리스도르(닛신제분) 75%

빌리온(닛신제분) 25%

사프 인스턴트이스트(레드) 1.5%

소금 2%

그래뉴당 8%

몰트엑기스 0.7%

우유 43%

무염버터(요츠바유업) 5%

충전용 버터

시트버터(요츠바유업) 50%

제 법

1. 믹싱	저속 8분
	반죽 온도 18℃
2. 대분할	5분 정도 그대로 둔 후 3~4등분하여 둥글린다.
3. 상온 발효	실온에서 60분, 둥글린 후 비닐로 감싸 1℃의 냉장고에 16시간 넣어둔다.
4. 접기	롤러로 늘려 버터를 감싸고 3절 접기를 3회 한다. 첫 번째, 두 번째 접기 완료 후 -18℃의 냉동실에 30분간 넣고, 1℃의 냉장고로 옮겨 20분. 세 번째 접기를 완료하고 냉동실에 20분간 둔 후 3mm 두께로 늘려 냉장고에서 1시간
5. 자르기·성형	이등변삼각형으로 자르고 밑변에서 꼭짓점 방향으로 돌돌 말아 성형한다.
6. 최종 발효	-5℃의 도우컨디셔너에 7시간 넣은 후 온도 8℃, 습도 60%에 2시간 둔다. 다시 온도 15℃, 습도 75%로 바꿔 2시간. 최종적으로 온도 28℃, 습도 75%에 1시간 둔다.
7. 굽기	전란을 솔로 바르고 윗불 235℃, 아랫불 200℃에서 13~14분

기 기

믹서 …… 켐퍼 스파이럴 믹서

오븐 …… 본가드 전기오븐

상온 발효 후, 생지의 온도를 천천히 내려 숙성을 촉진한다

크루아상은 가장자리부터 먹는 경우가 많아, 바삭한 식감이 첫인상이 된다. 그러나 도톰하게 부푼 가운데의 촉촉한 속과, 버터와 빵 생지와의 좋은 밸런스가 크루아상의 매력이라고 시마다 셰프는 말한다. 따라서 빵 생지의 맛이 돋보이도록 제대로 숙성시킨 후 접기 작업에 들어가야 한다. 반죽 온도는 18℃로 낮은 편이다. 이 온도로 반죽하기 위해서 우유는 차갑게 하여 넣는다. 물 대신 우유를 사용하는데 우유의 양도 적기 때문에 믹싱은 저속으로 8분간 약간 길게 한다.

믹싱을 완료한 후 5분간 그대로 두고, 생지를 1650g으로 분할하여 상온에 60분간 그대로 둔다.

그 후 생지를 비닐로 감싸 1℃의 냉장고에 16시간 동안 넣어둔다.

1℃ 냉장고에 생지를 넣으면 생지의 온도가 천천히 내려가면서 생지의 숙성이 촉진된다. 이 숙성에 의해 생지 맛이 좋아진다.

버터 온도를 잘 조절해가며 접기와 성형을 한다

생지 맛에 버터의 좋은 향이 들면, 크루아상의 매력은 더욱 돋보인다. 시마다 셰프는 버터 향이 잘 나도록 버터의 온도를 엄격하게 조절하여 작업한다.

1℃의 냉장고에 16시간 둔 생지는 롤러로 늘려 정사각형을 만든다. 차가워진 버터도 롤러로 정사각형을 만든다.

버터와 생지의 단단한 정도를 같게 하여, 생지 위에 버터를 올리고 네 모서리로 버터를 감싼다.

감싼 후 대각선, 가장자리, 표면을 밀대로 눌러 버터가 전체적으로 고르게 퍼지도록 한다.

롤러로 5mm 두께로 늘리고 3절 접기를 한다. 방향을 바꿔 롤러로 5mm 두께로 늘린 후 두 번째 3절 접기에 들어간다.

롤러로 늘리는 횟수를 최대한 적게 하여 조금씩 늘리고, 생지의 온도가 올라가지 않도록 신속하게 작업한다.

3절 접기를 2회 하고 일단 -18℃의 냉동실로 옮겨 버터의 온도를 내린다. 이때, 생지를 올리는 철판도 미리 차게 만들어둔다. -18℃의 냉동실에 30분간 두고, 1℃의 냉장고로 옮겨 20분간 둔다.

1℃의 냉장고로 옮기는 것은 버터의 가소성(자유롭게 모양을 만들 수 있는 성질)을 부활시키기 위해서이다. 버터는 5℃일 때가 가장 가소성이 좋다. 이 점을 항상 염두에 둔다.

가소성을 부활시킨 후, 롤러로 4mm 두께로 늘린다.

그리고 다시 -18℃의 냉동실에 30분간 넣는다. 계속해서 1℃의 냉장고에 옮겨 20분간 둔다.

마지막 3절 접기를 하고 롤러로 7mm 두께로 늘린 후 1℃의 냉장고에서 20분간 휴지시킨다. 이후 롤러로 3mm 두께로 늘리고 종료한다. 마지막에는 롤러에 두 번 통과시켜 최종 두께를 3mm로 만든다. 이 생지를 잘 겹쳐 1℃의 냉장고에 60분간 넣어둔다.

자를 때는 신속하게 한다. 작업장의 쿨러를 세게 하여 실온을 20℃로 만들고, 2~3분 안에 잘라 성형을 종료한다.

성형한 후 -5℃의 도우컨디셔너에 7시간 넣어둔다. 그다음 온도 8℃, 습도 60%에 2시간, 온도 15℃, 습도 75%에 2시간, 마지막으로 온도 28℃, 습도 75%에 1시간 둔 후 굽기 시작한다. 생지 바닥이 타면 버터의 풍미가 줄어들기 때문에 주의가 필요하다.

크루아상

후지산 용암가마에 구운 season factory パンの美

팡노미

오너 셰프 스와하라 히로시

일본산 밀의 감칠맛을 살려 오랫동안 사랑받는 크루아상

3종류의 밀가루를 블렌딩하여 버터가 아닌
일본산 밀의 감칠맛과 풍미를 살린 크루아상.
원적외선 효과가 있는 후지산 용암가마로
생지에 수분이 유지되도록
8분이라는 단시간에 굽는다.

ⓟoint

_ 일본산 밀을 블렌딩하여 맛을 안정화시킨다.
_ 용암가마로 바삭하면서 쫄깃하게 굽는다.

◇ **Variation** ◇

커스터드 대니시

마다가스카르산 바닐라
빈으로 직접 만든 커스
터드크림 55g을 생지
50g으로 감싸고 틀에
넣어 굽는다.

**무염 허브
소시지 대니시**

무염 소시지에 머스터드
피클을 넣어 식감에 변
화를 준다. 허브로 풍미
를 더해 굽는다.

치킨 허브 대니시

생지에 감자샐러드를 깔
고, 닭고기를 쪄서 올린
후 매운 마요네즈를 올
려 굽는다. 이탈리안 허
브믹스로 향을 더한다.

암염 대니시

마지팬(Marzipan, 설탕과
아몬드를 갈아 만든 페이스
트)을 감싸고, 여름귤 필
과 프랑스산 라벤더를
조합한다. 핑크색의 볼리
비아산 암염을 6~7알
토핑한다.

크루아상

배 합

하루요코이 (마스다제분소) 50%

TYPE ER (에베쓰제분) 30%

시로가네코무기 (미츠와) 20%

드라이이스트 1.5%

굵은 소금 2%

설탕 (다네가시마산 센소토 ■와 아마미제도산 사탕수수설탕 100%를 사용한 키비라를 9:1로 배합) 6%

비타민C 0.1%

물 70%

충전용 버터

발효시트버터 (요츠바유업) 생지 1kg당 500g

■ 센소토 : 첨가물을 넣지 않고 사탕수수액으로 만든 설탕

제 법

1. 믹싱	저속 5분, 중속 1분
	반죽 온도 24℃
2. 상온 발효	50분, 펀치 1회 한 후 5분 휴지시킨다.
3. 대분할	1kg로 분할하여 둥글린다.
4. 냉동	-18℃의 냉동실에 3시간 둔다.
5. 접기	생지를 늘려 버터를 감싼다. 3절 접기 3회 하고 냉동실에서 1시간 휴지시킨다. 첫 번째 접기 완료 후 냉동실에서 10분 정도, 두 번째 접기 완료 후 냉동실에서 15~20분 휴지시킨다.
6. 자르기·성형	최종 두께 2.5mm, 밑변 11cm, 높이 20cm의 이등변삼각형으로 자른다. 밑변에서 꼭짓점 방향으로 만다.
7. 최종 발효	온도 29℃, 습도 68~70%에서 3시간
8. 굽기	윗불 265℃, 아랫불 200℃에서 8분

기 기

믹서 …… 간토혼합기공업 버티컬 믹서

오븐 …… 구시자와전기제작소 용암가마

3종류의 일본산 밀을 블렌딩하여 품질을 유지한다

대부분 일본산 밀가루를 사용하고 있는 '팡노미'. 부재료도 엄선하여 사용하며, 밑준비 물도 빵에 따라 미네랄워터와 이온물을 블렌딩하여 사용한다.

크루아상은 '버터'의 맛이 아니라, 일본산 밀 본래의 감칠맛과 단맛을 맛볼 수 있게 해주는 것이라고 스와하라 오너 셰프는 생각한다. 밀의 풍미와 맛을 살리고, 질리지 않고 오랫동안 먹을 수 있는 크루아상을 만드는 것이 목표이다.

크루아상은 3종류의 일본산 밀을 블렌딩해 사용한다. 일본산 강력분인 '하루요코이'가 50%, 홋카이도산 중력분 'TYPE ER'이 30%, 효고현의 박력분 '시로가네코무기'가 20%이다. 처음에는 '하루요코이' 70%에 'TYPE ER'을 30% 배합하였지만, 좀 더 바삭한 식감을 위해 글루텐이 적은 '시로가네코무기'를 20% 배합하였다. '시로가네코무기'는 효고현산 밀이다. 현지에서 재배하고 소비하는 것을 모토로 삼고 있는 스와하라 셰프가 찾아낸 밀가루이다. 현재는 특별히 갓 빻은 것을 사용하고 있다.

일본산 밀의 감칠맛을 최대한 살리기 위한 배합의 특징으로 드라이이스트를 사용한다는 점과 물의 양이 많다는 점 두 가지를 들 수 있다. 물은 70% 배합으로, 일반적인 50% 전후의 배합과 비교했을 때 수분율이 유난히 높다고 할 수 있다.

이 배합이 가능한 것은 후지산 용암으로 만든 가마를 사용하기 때문이다. 용암가마는 원적외선 효과가 있어 굽는 시간이 전기오븐의 절반이라는 점이 최대의 특징이다. 결과적으로 수분양이 많은 생지여도, 수분은 유지하면서 겉은 바삭하고 속은 쫄깃하게 구울 수 있다.

또한 스와하라 셰프는 밀가루를 블렌딩할 때, 가능한 다른 제분소의 밀가루를 합친다. 밀의 품종이 달라도 빻는 기계가 같으면 감칠맛을 내는 방법은 같아지기 마련이다. 다른 제분소의 밀가루를 합치면 그럴 가능성이 낮아지고 블렌딩했을 때 품질도 안정화된다.

용암가마로 고온·단시간에 수분을 유지하여 굽는다.

믹싱한 생지는 상온 발효를 거쳐, 펀치를 1회 하고 5분간 휴지시킨 후 분할한다. 주방의 온도나 습도는 매일 다르므로, 여기서는 가스를 빼는 것보다 생지에 새로운 공기를 접하게 해 안정화시킨다는 의미이다.

버터를 접기 위해서는 -18℃의 냉동실에 3시간 정도 넣어 얼지 않을 정도로 차게 한다.

버터는 구워도 향이 잘 날아가지 않는 요츠바유업의 발효 시트버터를 사용한다.

접기는 3절 접기를 3회 한다. 이때 생지와 버터의 단단한 정도를 같게 만든 후 작업에 들어간다. 접을 때마다 생지를 차게 만들면서 작업한다. 세 번째 접기가 끝나면 1시간 정도 냉동실에서 휴지시키고 2.5mm의 두께로 늘린다.

성형은 밑변에서 꼭짓점 방향으로 생지를 굴리듯이 만든다. 그다음 냉동실에 넣지만, 작업에 따라 냉동실에 넣지 않고 최종 발효를 하는 경우도 있다.

최종 발효는 발효실의 온도가 포인트이다. '팡노미'에서는 29℃로 설정하는데, 30℃에서 버터가 녹아버리므로 바로 직전의 온도로 설정하는 것이다. 천천히 시간을 들여 발효시킨다.

용암가마로 윗불 265℃, 아랫불 200℃에서 8분간 굽는다.

크루아상

BOULANGIE Bré-Vant 〖 시오가마점 〗

불랑주리 브레 방트

오너 셰프 쓰루오카 도시유키

버터보다 밀가루의 풍미가 짙은 생지

과자가 아닌 식사용 프랑스빵인
크루아상을 추구한다.
생지의 발효와 숙성을 통해 버터 향보다
밀가루의 향이 더욱 잘 느껴지도록 만든다.

ⓟoint

_ 상온 발효는 120~150분
_ 식사용으로 좋은 크루아상

◇ **Variation** ◇

블루베리

인기가 많은 직접 만든
커스터드크림과 단맛이
적은 블루베리 콩포트를
토핑한다.

블루베리 크루아상

건조 블루베리를 레몬물
에 마리네하여 생지에
넣고 굽는다. 단맛을 줄
여 어른 입맛에 맞다.

카푸치노 페이스트리

직접 만든 커피버터를
접어 넣고 시나몬을 뿌
려 만든다.

초콜릿 크루아상

비터초콜릿을 감싸 굽는
다. 초콜릿보다 크루아상
생지의 풍미가 잘 살도
록 만든다.

크루아상

배 합

샤트(닛토후지제분) 70%

골든요트(닛폰제분) 30%

노면 20%

생이스트 5%

소금 2%

상백당 8%

우유 20%

물 35~40%

충전용 버터

발효버터(요츠바유업) 밀가루 분량의 80%

제 법

1. 믹싱   저속 6분, 중속 2~3분

   반죽 온도 20℃, 여름에는 16℃

2. 상온 발효   실온에서 120~150분

3. 대분할   약 1800g으로 분할하여 둥글린다. 눌러서 가스를 빼고 평평하게 만든 후 비닐로 감싸 -5℃의 냉동실에 넣어둔다.

4. 접기   롤러로 생지를 늘리고 버터를 생지로 감싼다. 3절 접기를 3회 하고 -5℃ 이하의 냉동실에 12시간 넣어둔다. 첫 번째 접기와 두 번째 접기를 완료한 후 냉동실에서 60분간 휴지시킨다.

5. 자르기·성형   냉동실에서 꺼내 실온에 둔 후 15mm 폭으로 자른다. 롤러로 5mm 두께가 되도록 가로로 늘린다. 1개 45g의 이등변삼각형으로 자른다. 밑변부터 각을 져가며 부드럽게 말아 성형하고 철판 위에 올린다.

6. 최종 발효   철판을 비닐로 감싸 서늘한 곳에 둔다. 생지가 부풀기 시작하면 오븐 가까이의 따뜻한 곳으로 옮겨 40분간 둔다. 그 후 온도 33~35℃, 습도 65%의 발효실에서 20분

7. 굽기   전란을 솔로 바르고 윗불 220℃, 아랫불 190℃에서 10분

기 기

믹서 …… 간토혼합기공업 버티컬 믹서

오븐 …… 베이커즈프로덕션 전기오븐

발효와 숙성의 힘으로 만든다

'브레 방트'는 프랑스빵, 크루아상, 크림빵이 유명한데 그 중 크루아상은 쓰루오카 오너 셰프가 좋아하는 빵 중 하나이다. 그만큼 심혈을 기울여 만들고 있다고 한다.

쓰루오카 셰프는 식사로 먹을 수 있는 크루아상을 추구한다. 버터의 풍미보다 밀가루의 맛이 강하고, 속은 촉촉하다. 고소한 맛이 나며 먹을 때 여기저기 부서지지 않도록 굽는 것이 가장 중요하다.

충전용 버터의 양은 적지 않다. 밀가루 양의 80%를 넣는다. 이렇게 많이 넣는데도 버터의 풍미보다 밀가루의 맛을 돋보이게 하기 위해 생지를 제대로 숙성시킨다.

따라서 믹싱의 반죽 온도는 겨울에 20℃, 여름에는 16℃이다. 낮은 온도로 반죽하기 위해 겨울에도 밀가루를 차게 하며 물은 얼음물, 우유도 찬 것을 사용한다.

믹싱한 저온 생지를 실온에서 장시간 휴지시켜 천천히 온도를 올리면 발효력보다 숙성력이 돋보이게 된다. 노면을 넣는 것도 생지의 숙성을 돕기 위해서이다. 전날 크루아상 생지를 자를 때 나온 자투리를 가늘게 찢어 넣고 같이 반죽한다.

상온 발효는 120~150분간 한다. 그다음, 약 1800g의 덩어리로 나눠 가스를 빼고, 생지를 평평하게 만들어 비닐로 감싼 후 차게 만든 철판 위에 올려 -5℃의 냉동실에 넣는다. 냉동 시간은 정해져 있지 않으며 손으로 만져보고 결정한다. 생지가 속까지 차가워지면 접는 작업을 시작한다. 생지를 사각형으로 늘리고, 밀대로 두들겨 편 버터를 올려 감싼다. 이때 생지가 버터보다 약간 더 차갑고, 버터가 생지보다 약간 더 부드럽다. 버터가 생지 사이에 제대로 퍼지기 위해선 이런 밸런스를 중시하며 감싸야 한다. 약간의 온도 차이, 부드러움의 차이를 섬세하게 조절하는 것은 매우 어려워 5년 이상의 경험자만이 할 수 있다고 한다.

롤러로 2cm 두께로 늘려 3절 접기를 하고, -5℃의 냉동실에서 60분간 휴지시킨다. 60분은 평균적인 기준으로 생지가 너무 단단해지지 않게, 버터는 너무 부드러워지지 않게 만드는 정도이다. 차게 만든 후 방향을 바꿔 2cm의 두께로 늘리고, 두 번째 3절 접기를 한다. 같은 방법으로 냉동실에 넣은 후, 세 번째 3절 접기를 한다. 이것을 비닐로 감싸 -5℃ 이하의 냉동실에 12시간 둔 후 꺼낸다. 비닐봉지에 넣은 채로 상온에 둔다.

발효실에 넣기 전, 실온에서 세심하게 발효·숙성시킨다

비닐봉지에서 꺼낸 생지는 15cm 폭으로 자른다. 일단 냉동을 하고, 버터가 단단해지기 전에 생지를 꺼내 롤러로 폭 15cm, 두께 5mm로 늘린다. 이것을 1개 45g의 이등변 삼각형으로 자른다. 밑변에서 꼭짓점 방향으로, 동그랗게 말기보다는 각을 져서 만든다. 각을 저가며 말면 보기 좋은 층을 만들 수 있다. 전체를 손바닥으로 살짝 누르고 양 끝을 약간 구부려 초승달 모양을 만든다.

철판 위에 올리고 비닐로 감싸 시원한 실내에서 약 2시간 반 정도 발효시킨다. 생지의 온도가 올라가는 도중에 약간 팽창되는 시점이 있는데, 이때가 발효보다 숙성이 잘 일어나는 타이밍이다. 그 이상 두면 숙성이 너무 많이 진행되어 생지가 갈라질 수 있으므로, 철판을 오븐 가까이 따뜻한 곳으로 옮겨둔다. 40분간 그대로 둔 후 발효실에 넣는다. 온도 33~35℃, 습도 65%의 발효실에서 20분간 짧게 발효시킨다.

생지의 발효와 숙성을 균형 있게 맞춘 후 굽는다. 버터의 탄 향이 나지 않도록 윗불을 세게 하여 단시간에 굽는다.

맷돌 크루아상

ベーカリーカフェ ムッシュイワン
베이커리 카페 므슈 이방

이사 오구라 다카키

맷돌로 빻은 밀가루를 배합하여 특색 있는 식감과 맛을 낸다

특별한 크루아상을 만들기 위해,
직접 맷돌로 제분한 밀가루를 배합하여
독특한 식감과 맛을 낸다.
고운 색으로 구워지며
시간이 지나도 품질이 유지된다.

ⓟoint

_ 직접 맷돌로 빻은 밀가루를 10~20% 배합한다.
_ 굽는 중간에 오븐 온도를 내려 속까지 굽는다.

◇ **Variation** ◇

캐러멜 바나느

초가을부터 2월에 걸쳐 제공한다. 커스터드크림과 아몬드크림을 합쳐 깔고, 바나나 캐러멜리제로 장식한다.

서리즈

아래에 가나슈크림과 초콜릿크림을 깔고, 키르슈에 절인 아메리칸체리를 토핑한다.

포테롱

단호박에 버터를 섞어 부드럽게 만든 '호박매시를 넣는다. 위에는 호박씨를 듬뿍 올린다.

몽 플룬더

양귀비 페스토와 호두를 넣은 독일식 과자를 폭신한 식감으로 만든다. 하루에 80~100개가 팔릴 정도로 대인기이다.

맷돌 크루아상

배 합

캐나다산 맷돌 통밀가루(자가제분) 10~20%

골든요트(닛폰제분) 20~30%

몽블랑(다이이치제분) 60%

생이스트 2.4~2.7%

소금(시마마스) 1.8%

사탕수수 설탕(혼와카토) 8%

유로몰트 0.2%

우유 40%

물 12~13%

충전용 버터

무염파운드버터(다카나시유업) 55%

제 법

1. 믹싱 저속 3~4분
   반죽 온도 22~24℃
2. 상온 발효 상온에 20분 정도 그대로 둔다.
3. 접기 밀대로 생지를 평평하게 늘리고, 그 후 냉장고에 반나절 정도 둔다.
   버터는 전날 충전용 크기가 되도록 밀대로 두들긴 후 냉장고에 넣어둔다.
   생지로 버터를 사방으로 감싸고 3절 접기 3회. 첫 번째 접기 종료 후
   냉동실에서 20분, 두 번째 접기 종료 후 냉동실에서 50분~1시간,
   세 번째 접기 종료 후 3~4시간 휴지시킨다.
4. 자르기·성형 롤러로 17.5cm 폭으로 늘리고 1~2시간 냉동실에서 휴지시킨 후
   다시 3.5mm 두께로 늘린다. 1개 50g의 이등변삼각형으로 잘라
   밑변에서 꼭짓점 방향으로 돌돌 만다. 성형 후, 상온에 1~2시간 둔다.
5. 건조발효실 온도 27℃, 습도 70%에서 3시간
6. 굽기 전란을 두 번 바르고 250℃에서 7분, 230℃로 내려 5분

기 기

믹서 …… SK믹서 버티컬 믹서 스파이럴 후크 사용

오븐 …… 쓰지기계 돌가마

맷돌로 빻은 밀가루의 상태에 따라 배합률을 조절한다

"제빵사의 접기 기술이 향상된 요즘, 크루아상의 특징을 만들어주는 것은 바로 배합이다"라고 말하는 오구라 다카키 셰프. 크루아상은 식빵이나 바게트와 달리 숙성을 통해 만든 감칠맛을 즐기는 빵이 아니다. 크루아상의 맛을 결정하는 것은 배합인데, 밀가루, 유지, 발효종 등의 재료로 특징을 만들 수 있다. 여기에서 오구라 셰프는 밀가루 제분 방법을 바꿔 개성을 더해야겠다고 생각했다.

'베이커리 카페 므슈 이방'은 주방 내에 맷돌 제분기를 준비해두었다. 맷돌로 빻은 자가제분 밀가루를 사용해 식빵이나 바게트 등을 만들어 팔고 있다. 크루아상에도 이 밀가루를 배합하여 상품화했다.

크루아상에는 통밀을 굵게 빻아 회분이 많으며 거의 전립분에 가까운 밀가루를 사용한다. 크루아상에 배합하면 식감에 미묘한 차이가 날 뿐 아니라, 밀가루의 다양한 맛을 맛볼 수 있다. 특히 갓 구웠을 때 통밀가루 특유의 풍미와 다양한 맛이 잘 살아난다.

반면, 맷돌로 빻은 밀가루를 배합하면 크루아상의 생명이라 말할 수 있는 층이 잘 만들어지지 않는다는 단점이 있다. 발효 단계에서 생지와 버터가 너무 많이 어우러지게 되기 때문에, 특히 밀가루를 빻는 방법이나 휴지 시간 등이 밀가루 상태에 영향 받기 쉽다. 갓 빻은 밀가루를 사용할 경우 배합률을 줄이는 등의 조절이 필요하다. 가장 다루기 쉬운 것은 빻은 후 5~7일 정도 휴지시킨 밀가루라고 한다.

부재료에서 눈에 띄는 것은 오키나와산 사탕수수 설탕인 '혼와카토'이다. 단맛이 은은하고 깊은 맛이 있어 선택했다. 배합률이 8%로 약간 높은데, 언제 어디서 먹어도 맛있게 느껴지는 배합이라고 한다.

고온·단시간에 굽지 않고 중간에 오븐의 온도를 내린다

제법 중 가장 중요한 포인트는 '접기 작업'이라고 한다. 생지와 버터의 온도 차이가 적정하지 않으면 층을 보기 좋게 만들기 어렵다. 버터가 얼면 작업 중에 갈라지므로 접기 전에 상온에 두어 생지보다 약간 부드러운 상태로 만드는 것이 좋다.

또한 접을 때, 생지가 반죽되지 않게 하는 것이 포인트이다. 글루텐이 만들어져 탄력이 강해지면 생지가 필요 이상으로 팽창되고, 씹는 식감이 좋지 않다. 그러나 접을 때는 힘이 들어가기 마련이므로, 역산하여 믹싱 단계에서 생지를 너무 많이 반죽하지 않고 짧게 하는 것이 중요하다.

성형 후 발효실에 넣기 전, 1~2시간 정도 상온에 둔다. 바로 발효실에 넣으면 버터가 흘러내리게 되므로 준비 단계가 필요하다.

굽기 전에 엿과 같은 고운 색으로 구워지도록 달걀물을 바른다. 두 번 바르는데 이때 층이 무너지지 않도록 주의해야 하며, 솔이 층에 닿지 않도록 조심스럽게 바른다.

구울 때는 고온으로 굽기 시작하다 중간에 온도를 내리는 것에 주의해야 한다.

고온에서 단시간에 한 번에 구우면 버터가 타기 쉽고, 시간이 지나면 표면에 잔금이 생기기 쉽다고 한다. 보기 좋게 굽기 위해서 처음에는 고온에서 구워 생지가 잘 부풀도록 만들고, 온도를 조금씩 내려 속까지 열이 전달되도록 한다.

이런 제법을 통해, 시간이 지나도 고운 색이 유지되며 갓 구운 버터 향과 맷돌로 빻은 밀가루의 풍미도 즐길 수 있는 독자적인 크루아상을 선보이고 있다.

크루아상

こなひき洞

고나히키도

표준 레시피에 재료로 개성을 표현한다

빵이 일상생활에 깊게 자리 잡은
지역 주민들을 만족시켜
많은 사랑을 받고 있는 크루아상.
안전하고 고급 식재료로 만들어
지역 손님들뿐 아니라 멀리서 오는 단골손님도
있을 정도이다.

Ⓟoint

_직접 만든 천연효모, 저지우유(Jersey milk, 유지방분이
　많아 깊은 맛을 내는 우유)로 깊은 맛을 낸다.
_때때로 혀끝에 느껴지는 소금의 존재감

◇ **Variation** ◇

사자나미

자른 면이 물결(사자나미)
과 같아서 붙여진 이름
이다. 생지에 연유와 요
구르트를 넣어 촉촉한
식감을 유지시킨다.

크루아상

배 합

오가닉(마루신제분) 50%

F(쇼와산업) 50%

르뱅 리퀴드(자가제 천연효모) 20%

생이스트 3%

소금(안데스산 홍염) 2.3%

삼온당 5%

전란 20%

저지우유 20%

물 20%

무염발효파운드버터(요츠바유업) 5%

충전용 버터

무염발효시트버터(요츠바유업) 34%

제 법

1. 믹싱 　　저속 6분, 중고속 2분
　　　　　　반죽 온도 22℃
2. 상온 발효 　15분
3. 분할 　　850g
4. 저온 발효 　빵 트레이에 넣고 비닐로 감싸 0℃의 냉온실에서 14~16시간
5. 접기 　　생지를 늘려 버터를 감싼다. 3절 접기를 3회 한다. 첫 번째 접기 종료 후
　　　　　　-12℃의 냉동실에서 15분, 두 번째 접기 종료 후에 25~35분,
　　　　　　세 번째 접기 종료 후에는 20분 휴지시킨다.
6. 자르기·성형 　롤러로 3mm 두께로 늘리고 밑변 6cm, 높이 11~12cm의 이등변삼각형
　　　　　　으로 자른다. 밑변에서 꼭짓점 방향으로 말아 성형한다.
7. 최종 발효 　온도 30℃, 습도 78%에서 40분
8. 굽기 　　윗불·아랫불 230℃의 오븐에서, 처음부터 스팀을 열어 13분 전후

기 기

믹서 …… 아이코제작소 버티컬 믹서

오븐 …… 베이커엔지니어링 전기오븐

엄선한 재료로 안전하고 맛있는 빵을 만든다

'고나히키도'가 있는 '지가사키'의 주민들에게 빵은 일상생활 속 깊이 자리 잡은 친숙한 존재이다. "빵 맛을 아는 사람들을 간과할 수 없었다. 크루아상처럼 표준 레시피로 만드는 빵은, 만드는 사람을 초심으로 돌아가게 해준다"라고 이즈카 히로 오너 셰프는 말한다. 빵을 그려보라고 했을 때 100명 중 20명이 크루아상을 그리는 것은, 그만큼 크루아상이 정통적인 빵의 이미지를 갖고 있기 때문이다.

일상적으로 먹을 수 있도록, 안전하면서도 상품력이 높은 재료를 사용한다. 전국적으로 버터 공급이 어려워져 반년 동안 크루아상을 만들지 않았을 때 손님들로부터 문의가 상당했었다. 지역 사람들을 통해 맛이 알려져 이제는 멀리 관서 지방에서부터 오는 팬이 있을 정도이다.

'고나히키도'는 주로 식사빵을 판매하는데, 크루아상도 간을 적당히 들게 하여 식사용으로 만들고 있다.

밀가루는 북아메리카산의 '오가닉'과 일본산의 'F'를 반반씩 사용한다. 겉은 바삭하고 속은 차지고 탄력 있게 완성하는 것이 목표이다.

효모는 직접 만든 '르뱅 리퀴드'를 사용한다. 건포도와 물, 벌꿀을 합쳐 발효시키고 물에 풀어놓은 밀가루를 단계적으로 넣어가며 3일에 걸쳐 만든다. 천연효모는 오랫동안 그대로 두어야 맛이 나는데, 균일한 완성도와 높은 안정성을 위해 생이스트를 보조적으로 사용한다.

생지에는 버터 외에 저지우유를 반죽해 넣는다. 일반 우유보다 깊은 맛이 매력적이다. 생크림으로 만들면 너무 묵직해지기 때문에 저지우유를 사용한다고 한다.

버터는 심플 빵에 주로 사용하는 발효버터를 생지와 충전용에 모두 사용하고, 고르게 잘 늘어나도록 시트버터를 사용한다.

소금은 안데스산 홍염을 넣는다. 천일염이 가지는 단맛뿐만 아니라 입자들이 혀에 알싸하게 느껴져 존재감이 돋보인다.

3절 접기를 할 때마다 냉동실에 넣어 차게 한다

버터를 많이 넣은 생지가 축 처지지 않도록 공정은 단순해야 한다.

충전용 버터 이외의 재료를 모두 믹서에 넣고 저속 6분, 중고속 2분으로 반죽한 후, 상온에서 15분간 휴지시킨다. 850g으로 분할하고 빵 트레이에 넣어 건조되지 않도록 비닐로 감싸, 0℃의 냉온실에서 14~16시간 휴지시킨다.

분할한 생지 1개당 250g의 버터를 올려 3절 접기를 3회 하는데, 1회 할 때마다 -12℃의 냉동실에 넣어 생지를 휴지시킨다. 첫 번째 3절 접기 완료 후 15분, 두 번째 접기 후 25~35분, 세 번째 접기 후 20분이다. 이렇게 접을 때마다 차게 만들면 생지가 처지는 것을 방지할 수 있다.

3mm 두께로 늘려 밑변 6cm, 높이 12cm의 이등변삼각형으로 자른다. 1개당 무게는 55g이다. 밑변이 앞에 오도록 놓고 밑변에서 꼭짓점 방향으로 말아 성형한다.

온도 30℃, 습도는 78%로 높게 설정한 발효실에서 40분간 발효시킨다. 이때, 버터가 새어나오지 않도록 온도 설정을 세심하게 조절하는 것이 포인트이다.

굽기는 230℃의 오븐에서 13분. 처음부터 스팀 기능을 설정하고 고온으로 단시간 구워 겉은 바삭하고 속은 쫄깃하게 만든다.

크루아상 파리지앵

Boulangerie Rauk
불랑주리 루크

대표 도구치 하루요시

이스트가 아닌 버터의 힘으로 볼륨감을 만든다

도구치 대표는 버터의 힘으로
크루아상의 볼륨감을 만든다.
단시간에 믹싱과 상온 발효를 하고,
성형이 잘 되도록 하룻밤 동안 냉동·냉장하여
생지를 만든다.

ⓟoint
_ 글루텐을 최대한 만들지 않는다.
_ 너무 무겁지도, 너무 가볍지도 않은 식감으로
　만든다.

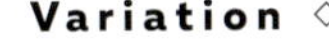

◇ **Variation** ◇

큐르

둥근 틀로 찍어낸 생지를
푸딩 틀에 넣고 아몬드크
림을 짜서 굽는다. 럼주
를 발라 향을 더한다.

키노미

호두, 아몬드, 피스타치
오로 만든 고소한 맛의
대니시. 견과류 아래에는
아몬드크림이 있다.

파스트라미 치즈

6cm×12cm의 작
은 생지로 파스트라미
(Pastrami, 향신료로 맛을 낸
훈제 고기)와 스모크치즈
를 말고, 마지막에 파르
메산치즈를 뿌려 굽는다.

# 크루아상 파리지앵

배 합

리스도르(닛신제분) 50%

카멜리아(닛신제분) 50%

생이스트 3%

소금 2%

상백당 5%

몰트 0.5%

무염버터(요츠바유업) 5%

물 52%

충전용 버터

무염파운드버터(요츠바유업) 50%

제 법

1. 믹싱	저속 4분 반죽 온도 24℃
2. 상온 발효	30분
3. 대분할	1670g
4. 냉장	-2℃에 하룻밤 둔다.
5. 접기	생지를 7mm 두께로 밀고, 두들겨 펼친 버터를 감싸 6mm 두께로 늘린다. 휴지시키면서 3절 접기를 3회 한다.
6. 자르기·성형	3.5mm 두께로 밀고 1개 50g의 이등변삼각형으로 자른다. 밑변에서 꼭짓점 방향으로 돌돌 만다.
7. 냉동	-10℃의 냉동실에 하룻밤 둔다.
8. 최종 발효	온도 28℃, 습도 70%에서 70분 발효실에서 꺼내 5분간 그대로 둔다.
9. 굽기	전란을 바르고 5분간 둔 후 윗불 240℃, 아랫불 220℃에서 16분

기 기

믹서 …… 간토혼합기공업 버티컬 믹서

오븐 …… 본가드 전기오븐

버터의 힘으로 볼륨감을 만드는 배합과 공정

도구치 셰프는 크루아상 생지의 볼륨감을 이스트가 아닌 버터의 힘으로 만들고 바삭한 식감으로 굽는 것을 목표로 한다.

볼륨감이란 층의 모양이 확실한 것으로, 가장 위의 층이 분리되거나 닿자마자 바사삭 부서지는 것을 말하지는 않는다. '루크'의 크루아상을 세로로 반 자르면, 가장 위의 층이 분리되거나 부서지지 않은 채로 보기 좋게 잘린다. 생지를 빵처럼 확실하게 성형한 크루아상이라고 할 수 있다. 버터의 힘으로 볼륨을 만들기 위해서는, 믹싱으로 글루텐을 만드는 것이 아니라 파이에 가까운 믹싱 방법을 사용한다는 것이 가장 큰 포인트이다. '루크'의 믹싱 시간은 버티컬 믹서로 4분이다. 단시간이므로 설탕과 소금은 미리 밑준비 물에 녹여둔다. 또한 믹싱 동안에도 생지가 발효된다는 점과 상온 발효의 발효 정도를 고려하여 생이스트를 사용한다.

씹는 느낌이 확실한 생지를 만들기 위해 밀가루는 '리스도르'와 '카멜리아'를 동량으로 사용한다. 버터를 5% 넣으면 생지가 잘 뭉쳐지며 접을 때 생지가 끊어지지 않는다고 한다. 또한 충전용 버터는 미동결 버터인 '특제(엄선) 버터'를 사용한다.

글루텐이 생기지 않도록 생지를 천천히 만든다

믹싱 후 상온 발효는 30분, 글루텐이 생기지 않도록 짧게 한다.

대분할을 하고 -2℃의 냉장고에 하룻밤 그대로 둔다. 그동안 생지는 천천히 완성되어 간다. 여기서 중요한 것은 반드시 8시간 이상 휴지시키는 것이다. 그렇게 하지 않으면 생지가 완전히 차가워지지 않아 '생지로는 사용 불가능한' 상태가 된다. 단시간 믹싱과 상온 발효라는 제법에 의해 생지에 글루텐이 거의 형성되지 않기 때문에, 버터와 접을 때 생지가 쉽게 끊어지게 되어 작업이 불가능해진다는 의미이다.

접기는 3절 접기를 3회 한다. 첫 번째, 두 번째 3절 접기를 한 후 냉동실에서 60분간 휴지시킨다. 5mm 두께로 늘려 세 번째 접기를 하고 30분간 휴지시켜 최종 두께가 3.5mm가 되도록 한다.

이어서 50g의 이등변삼각형으로 자른다. 삼각형 꼭짓점이 앞에 오도록 두고, 뒤에서 앞으로 한 번 만다. 이때 생지의 중심 부분을 만지지 않는 것이 중요하다. 또한 꼭짓점을 잡아당기면서 말면 층이 없어지므로 한 번에 쓱 말도록 한다.

성형한 후 -10℃의 냉동실에 하룻밤 그대로 두어, 성형 때 만들어진 글루텐을 없앤다. 하룻밤에 걸쳐 생지를 느슨하게 만들면, 생지는 버터에 의해 오븐 스프링의 힘이 생기게 된다.

언 상태의 생지를 온도 28℃, 습도 70%의 발효실에 70분 넣어 최종 발효를 한다. 냉동 상태 그대로 발효실에 넣어 버터와 생지 층을 그대로 살린다. 70분이 되면 생지가 녹는 듯한 상태가 된다.

발효실에서 꺼내 5분 정도 실온에 그대로 둔다. 생지를 냉동실에서 꺼내 바로 발효실에 넣으면서 생긴 물방울을 증발시키기 위해서이다. 전란을 발라 5분 정도 둔 후 윗불 240℃, 아랫불 220℃의 오븐에서 16분간 천천히 굽는다.

크루아상

boulangerie pour vous [폐업]

불랑주리 푸 부

오너 가타오카 다쓰시

사르르 녹는 버터의 향과 가벼운 식감

'가벼운 식감', '입안에서 사르르 녹는 느낌'을 이미지로,
여러 종류의 대니시와는 확실하게 차별화시켜
만든 크루아상.
생지를 휴지시키면서 하는 장시간 저온 발효로
목표로 하는 이미지를 실현한다.

ⓟoint

_ 사르르 녹고, 바삭바삭하면서 가벼운 식감
_ 일본산 재료로 직접 만들어 안심하며 먹을 수 있다.

◇ Variation ◇

팽 오 레잔

아몬드크림, 커스터드크
림, 럼에 절인 건포도로
만든 리치한 맛의 상품.

시트롱

레몬의 산뜻한 향과 산
미를 살려 만든, 레몬을
좋아하는 가타오카 셰프
가 추천하는 크루아상.

팽 오 쇼콜라

프랑스산 스위트 비터초
콜릿을 말아 생지와 초
콜릿의 맛을 담백하게
즐길 수 있다.

시나몬

시나몬슈거를 반죽에 섞
어 구운 후 와인에 절인
시나몬퐁당을 올린다. 향
이 풍부해 어른들이 좋
아하는 맛이다.

크루아상

배 합

하루-유-타카II(에베쓰제분) 100%

생이스트 3.5%

소금 2%

그래뉴당 6%

우유 45%

물 12%

충전용 버터

무염발효버터(메이지유업) 60%

제 법

1. 믹싱	저속 4분 반죽 온도 20℃	

1. 믹싱　　저속 4분
　　　　　　반죽 온도 20℃

2. 저온 발효　　롤러로 1700g당 550mm×200mm(철판 크기)의 사각형으로 늘린 후
　　　　　　　비닐로 감싼다. –20℃의 냉동실에서 24시간.

3. 접기　　생지를 늘려 버터를 감싼다. 3절 접기를 3회 하는데, 두 번째 접기를
　　　　　완료한 후 냉동실에서 24시간 휴지시킨다. 세 번째 접기를 완료한 후
　　　　　5℃의 냉장고에 2시간 넣는다. 두께 4mm, 폭 40cm로 늘려 냉장고에
　　　　　2시간 넣는다.

4. 자르기　　3.5mm 두께로 늘리고 폭을 이등분한다. 밑변 7.5cm, 높이 18cm의
　　　　　　이등변삼각형으로 자른다.

5. 휴지　　냉장고에서 2시간. 다른 작업이 있는 경우는 냉동실에서 보관하고
　　　　　해동은 냉장고로 옮겨 1시간~1시간 30분.

6. 성형　　밑변에서 꼭짓점 방향으로 만다.

7. 최종 발효　　도우컨디셔너에 넣고 24시간에 걸쳐 냉동→해동→저온 발효→최종 발
　　　　　　　효를 한다.

8. 굽기　　윗불·아랫불 250℃, 습도 60%에서 13분 전후

기 기

믹서 …… 아이코제작소 버티컬 믹서

오븐 …… 달렌(스웨덴제) 전기오븐

생지에 손상이 가지 않도록 4일 동안 만든다

프랑스어로 '당신을 위한'이라는 의미를 가진 '불랑주리 푸 부'에서는 안전한 식재료로 직접 만든 상품을 제공하는 데 심혈을 기울인다. "크루아상은 아침 식사로 즐기거나 간식으로 먹는 등 폭넓은 층의 손님들로부터 사랑을 받고 있다. 빵집을 운영하는 데 있어서 크루아상은 빼놓을 수 없는 상품이다"라고 말하며, 심플 빵, 과자류, 식사빵 등 항상 7가지 정도를 선보이고 있다.

대니시 종류도 풍부한데, 가타오카 셰프는 '처음 한입'에서 느껴지는 이미지로 대니시와 크루아상을 분류하여 만들고 있다.

"대니시는 생지에 버터와 달걀을 넣어 촉촉하게 만들기 때문에 씹는 느낌이 강하다. 크루아상은 바삭하고 가벼워야 하므로 생지 자체에는 버터를 넣지 않는다. 믹싱도 짧게 하여 입안에서 사르르 녹는 느낌이 들고, 버터 향이 잘 나며, 가벼운 식감으로 완성된다."

밀가루는 100% '하루유타카베'를 사용한다. 맛이 좋고, 중력분이어서 겉이 바삭하게 완성된다. 크루아상은 긴 시간에 걸쳐 만들기 때문에 그 과정을 견딜 수 있는 단백질의 힘이 필요하다. '불랑주리 푸 부'에서는 기본적으로 일본산 밀가루를 사용하는데, 블렌딩을 하면 계절에 따라 들쑥날쑥해지므로 블렌딩하지 않고 한 종류로 안정화시킨다고 한다.

버터를 넣지 않고 만든 생지는 밀 때 퍼석퍼석할 수 있다. 장시간 휴지시킨 후 작업하여 생지에 손상이 가지 않도록 만드는 것이 가타오카 셰프의 비법이다. 저온 발효로 24시간, 접는 중간에 24시간, 최종 발효로 24시간, 총 4일에 걸쳐 만드는 공정이 가장 큰 특징이다. 냉동과 냉장을 활용하여 휴지시키기 때문에 버터는 찬 상태가 되어 생지 층을 잘 유지시키게 된다. 손끝의 감촉으로 상태를 확인해가며 작업한다. 크루아상에는 입에서 잘 녹는 발효버터를 사용한다. 버터 향이 잘 느껴지도록 재료는 간단하게 밀가루, 버터, 설탕, 소금, 생이스트, 우유, 물만 사용한다.

당분은 그래뉴당을 사용한다. 잘 녹기 때문에 믹싱이 짧아도 생지와 잘 섞인다.

글루텐 생성을 억제해, 바사삭 부서지는 식감으로 만든다

재료를 저속으로 4분간 믹싱한다. 믹싱을 최소한으로 하여 글루텐의 생성을 억제하고, 바사삭 부서지는 가벼운 식감으로 굽는 것이 목적이다.

반죽한 생지는 -20℃의 냉동실에서 24시간 휴지시켜 저온 발효를 한다.

롤러로 철판의 크기에 맞게 직사각형으로 늘리고 버터를 올려 접기에 들어간다.

롤러로 늘려 3절 접기를 2회 한 후, 냉동실에 다시 24시간 두어 생지를 천천히 휴지시킨다. 다음 날 다시 3절 접기를 1회 한 후, 5℃의 냉장고에서 2시간에 걸쳐 저온 발효를 한다. 다시 두께 4mm, 폭 40cm가 되도록 모양을 정리하면서 늘린 후 냉장고에서 2시간 휴지시킨다. 자른 자투리는 조리빵에 활용한다.

롤러로 최종 두께 3.5mm로 늘리고 폭을 이등분하여 20cm 폭의 긴 모양을 만든다.

밑변 7.5cm, 높이 18cm의 이등변삼각형으로 잘라 다시 냉장고에서 2시간 동안 발효시킨다. 다른 작업이 있을 경우는 냉동실에 보관해두고 성형하기 1시간~1시간 30분 전에 냉장고로 옮겨 해동한다.

해동한 생지를 밑변에서 꼭짓점 방향으로 돌돌 말아 성형한다. 도우컨디셔너에서 24시간에 걸쳐 냉동, 해동, 저온 발효, 최종 발효를 한다.

윗불·아랫불 250℃, 습도 60%의 오븐에서 13분 전후로 굽는다.

크루아상 오 불레

ARTISAN BOULANGER ALFONSO

아르티장 불랑제 알폰소

오너 셰프 도요타 기요시

잘 부풀고 입안에서 사르르 녹는 생지

입안에서 사르르 녹는 느낌과 볼륨감이 있는
크루아상을 오토리즈법(천천히 혼합하고 장시간 발효하는
반죽법)으로 만든다.
폭넓은 손님층을 위해 크루아상 생지를 응용한
다양한 상품을 선보인다.

Point

_ 오토리즈법
_ 한 번에 4kg을 준비하여 생지를 안정화시킨다.

◇ **Variation** ◇

쿠안 아망

생지를 틀에 넣고 그래
뉴당을 뿌려 굽는다. 표
면의 절반만 슈거파우더
를 뿌려 장식한다.

다크체리

리본 모양으로 구운 생
지에 아몬드크림과 다크
체리 콩포트를 올린다.

크루아상 소시송

뿌드득 씹히는 소시지를
생지로 감싸 굽는다. 아
코산 구운 소금으로 만
든 생지와 스파이시한
소시지가 잘 어울린다.

포아르

서양배 콩포트와 아몬드
크림을 토핑한다.

크루아상 오 불레

배 합

F나폴레옹(닛폰제분) 80%
하트(닛폰제분) 20%
생이스트 3.5%
소금(아코산 구운 소금) 2%
상백당 11%
탈지분유 1.5%
무염버터 5%
유로몰트엑기스 1%
물 55%
충전용 버터
발효시트버터(메이지유업) 생지 1750g당 500g

제 법

1. 믹싱 — 밀가루, 물, 설탕, 탈지분유, 몰트, 버터를 넣고 저속 4분
오토리즈(휴지) 30분
↓ (소금)
저속 2분
↓ (생이스트)
저속 1분, 중저속 4~5분
반죽 온도 25~26℃

2. 1차 발효 — 온도 26℃(상온)에서 60분
분할하여 둥글린 후 2℃의 냉장고에서 16시간

3. 접기 — 롤러로 생지를 늘려 버터를 사방에서 감싼다. 3절 접기를 3회 한 후 냉장고에 60분 넣어둔다. 두 번째 접기 완료 후, 냉장고에 30~60분간 넣는다.

4. 자르기·성형 — 롤러로 3mm 두께로 늘리고 밑변 12cm, 높이 21cm의 이등변삼각형으로 자른다. 밑변에서 꼭짓점 방향으로 가볍게 만다.

5. 최종 발효 — 온도 27℃, 습도 80%에서 60~75분

6. 굽기 — 전란을 솔로 바르고, 윗불 220℃도, 아랫불 210℃에서 15~17분

기 기

믹서 …… SK믹서 버터컬 믹서
오븐 …… 사카모토오븐

팽창 후 안정된 모양을 유지하는 오토리즈법

1996년 오픈한 알폰소는 오픈 당시 도요타 셰프 혼자 빵을 만들었다고 한다. 또 식사빵만 판매하다가 3년이 지난 후부터 크루아상을 비롯하여 비에누아즈리(Viennoiseries, 우유와 버터 같은 첨가물을 넣은 비엔나 스타일의 빵)를 추가했다. 주택가 근처에 위치해 손님층이 다양하다. 직원을 늘려 폭넓은 손님층에 맞춰 빵의 종류도 다양하게 갖추었다. 크루아상은 오토리즈법으로 만든다.

소금과 생이스트 이외의 재료를 저속으로 4분간 믹싱한다. 믹서에서 꺼내 30분간 오토리즈한다. 오토리즈를 하면 믹싱을 짧게 해도 된다. 생지에 스트레스가 가해지지 않고 안정된 모양으로 유지된다는 점이 이 제법의 특징이다. 오토리즈를 하면 생지의 신전성도 더욱 좋아진다.

30분간 오토리즈한 다음 믹서에 생지를 다시 넣고 소금을 넣어 저속으로 2분간 믹싱한다. 2분 후 밑준비 물에 녹여둔 생이스트를 넣어 저속으로 1분간 믹싱한다.

중저속으로 바꾼 후 계속하여 4~5분 믹싱한다. 반죽 온도는 25~26℃이다.

소금은 아코산 구운 소금을 사용한다. 같은 분량의 정제염을 사용하는 것보다 먹었을 때 짠맛이 덜 느껴진다. 따라서 크루아상 생지에 소시지를 말아 굽거나 크림을 짜 넣는 등 다양하게 응용하기 좋다.

입안에서 잘 녹고 질리지 않는 변함없는 맛

믹싱이 끝나면 60분간 1차 발효를 한다. 분할한 생지를 둥글리고 가스를 빼 비닐로 감싼 후 2℃의 냉장고에서 16시간(하룻밤) 휴지시킨다.

다음 날 생지에 버터를 올려 접는다. 버터는 향이 좋은 발효버터를 선택하였고, 작업성이 좋은 시트형을 사용한다. 정사각형으로 늘린 생지로 버터를 감싸 밀대로 누르고, 롤러로 5mm 두께로 늘린 후 3절 접기에 들어간다. 2℃의 냉장고에서 30~60분 휴지시키고 방향을 바꾼 후 롤러로 5mm 두께로 늘려 두 번째 3절 접기를 한다. 2℃의 냉장고에서 30~60분 휴지시키고, 다시 방향을 바꿔 롤러에

통과시켜 5mm 두께를 만든 후 세 번째 3절 접기를 한다. 2℃의 냉장고에서 60분간 휴지시킨다.

이것을 롤러로 3mm 두께로 늘린다. 3절 접기로 15mm 두께의 생지를 10mm 두께→8mm 두께→6mm 두께→3mm 두께로 4단계에 걸쳐 3mm를 만든다. 그다음 폭 42cm로 늘린다.

다시 폭 21cm로 반 잘라 겹친 후 밑변 12cm, 높이 21cm의 이등변삼각형으로 자른다.

밑변에서 꼭짓점 방향으로 말아 성형한 후, 온도 27℃, 습도 80%의 발효실에 60~75분간 넣어둔다. 모양을 보기 좋게 만들 수 있다는 점도 오토리즈법의 장점이다.

달걀물을 바르고 윗불 220℃, 아랫불 210℃의 오븐에서 15~17분간 굽는다. 구운 색은 너무 짙지도 너무 옅지도 않게 '적당한 색'으로 굽는다.

바삭하지만 먹을 때 입안에 남지 않을 정도로 사르르 녹는 생지가 되도록 굽는다.

크루아상의 생지는 다양하게 응용할 수 있으므로, 한 번에 4kg를 준비한다. 한 번에 많은 양을 만들기 때문에 안정된 생지를 만들 수 있다는 장점이 있다.

크루아상

ブランジェリー ぱぴ・ぱん

불랑주리 파피 빵

오너 셰프 가사마 겐세이

프랑스 인기 빵집의 크루아상 맛을 전한다

여성이나 아이들도 먹기 좋은
자그마한 크기의 크루아상이다.
가사마 오너 셰프가
프랑스에서 공부한 레시피를 중심으로
프랑스의 맛을 재현하는 데 심혈을 기울이고 있다.

ⓟPoint

_먹기 좋은 크기
_갓 구운 빵을 손님들에게 직접 설명하며 판매한다.

◇ **Variation** ◇

크루아상 아몬드

크루아상 생지 사이에 직
접 만든 아몬드크림을 넣
고 위에도 뿌린 후. 아몬
드슬라이스를 토핑한다.

피스타치오 쇼콜라

팽 오 쇼콜라에 이탈리
아 시칠리아섬의 퓨어
피스타치오 페스토를 올
린다.

헤이즐넛크림 쇼콜라

헤이즐넛을 갈아 만든
페스트로 크림을 만들고,
팽 오 쇼콜라에 올려 굽
는다. 식어도 맛있다.

크루아상

배 합

리스도르(닛신제분) 50%

칸레미(오쿠모토제분) 50%

생이스트 3%

소금(나루토산) 2%

상백당 10%

탈지분유 3%

몰트파우더 0.2%

물 50%

노면 5%

충전용 버터

무염버터(요츠바유업) 생지 1kg당 500g

제 법

1. 믹싱 — 저속 5분
반죽 온도 25~26℃

2. 상온 발효 — 상온에서 30분, 펀치는 하지 않고 -10℃의 냉동실에 하룻밤 둔다.

3. 접기 — 롤러로 생지를 15mm 두께로 늘리고, 버터를 사방에서 감싼다.
3절 접기를 2회 하고, -10℃의 냉동실에서 60분간 휴지시킨다.
한 번 더 3절 접기를 하여 냉동실에 둔다.

4. 자르기·성형 — 롤러로 폭 32cm, 두께 2.5~3mm로 늘리고 구울 분량만 16.5cm 폭의 직사각형으로 자른다. 밑변 95mm의 이등변삼각형으로 자른다.
밑변에서 꼭짓점 방향으로 말고 양끝을 안쪽으로 약간 구부린다.

5. 최종 발효 — 온도 28℃, 습도 70%에서 40~50분

6. 굽기 — 전란을 솔로 바르고 윗불 220℃, 아랫불 200℃에서 15분,
다시 윗불을 180℃로 내려 3분

기 기

믹서 …… 간토혼합기공업 버티컬 믹서

오븐 …… 도쿠라상사 전기오븐

프랑스 리지외의 인기빵집 레시피

'파피 빵'의 가사마 겐세이 셰프는 프랑스에서 배운 빵 레시피를 기본으로 하여 가능한 응용하지 않고 프랑스 맛을 고스란히 전하려 한다. 프랑스에서 공부할 것을 후배들에게 추천하며, 프랑스에서 수업을 받기 위한 유학 준비나 어학당, 비자 등에 대한 경험과 조언을 가게 홈페이지에 소개하고 있다.

프랑스 북서부 리지외(Lisieux)라는 마을에 있는 인기 빵집의 드라포츠스 씨에게 전수받은 레시피로 크루아상을 만들고 있다.

먼저, 충전용 버터 이외의 재료를 저속으로 5분간 믹싱한다. 생지에 열이 전달되지 않도록 버티컬 스파이럴 후크를 사용한다. 생지의 풍미를 좋게 하기 위해 노면을 넣는다. 전날 만들다 남은 크루아상 생지의 자투리를 냉동해두고, 상온에서 해동한 후 잘라 넣는다.

믹싱 후, 믹서에서 꺼내 상온에서 30분간 휴지시킨다.

펀치는 하지 않고 비닐로 감싸 -10℃의 냉동실에 하룻밤 넣어둔다. 다음 날 냉동실에서 꺼낼 때 생지가 너무 단단하면 상온에 얼마간 그대로 둔다. 손으로 눌러 움푹 들어가는 정도가 되면 롤러로 15mm 두께의 사각형으로 늘린다. 그리고 버터를 올려 감싼다.

생지 가장자리를 밀대로 누르고 롤러로 15mm 두께로 늘린 다음 3절 접기를 한다. 방향을 바꿔 다시 15mm 두께로 늘린 후 두 번째 3절 접기를 한다.

-10℃의 냉동실에 넣어 생지를 차게 만든다. 시간은 30~60분인데, 생지 상태를 보고 생지가 너무 단단해지지 않을 정도로만 차게 만든다.

냉동실에서 꺼내 롤러로 늘린 후 세 번째 3절 접기를 한다. 다시 -10℃의 냉동실에 60분간 넣어 차게 만든다.

냉동실에서 꺼내 폭 32cm, 두께 2.5~3mm로 늘린다. 다시 -10℃의 냉동실에 30분간 넣어둔 후, 자르기와 성형을 한다.

직접 설명하면서 판매하므로, 자르기와 성형은 신속히 작업한다

폭 32cm, 두께 2.5~3mm로 늘린 생지는 밑변 95mm, 높이 16.5cm의 이등변삼각형으로 자른다. 가능한 빨리 자르는데, 전체를 한 번에 자르지 않고 구울 양만 자른 후 나머지는 냉동실에 넣어둔다.

2평 남짓한 공간에서 손님들에게 직접 설명을 하면서 판매하고 있다. 판매 공간 바로 뒤가 주방이어서 굽자마자 바로 진열하여 판매한다.

크루아상도 한 번에 많이 굽는 것이 아니라 팔리는 정도를 봐가며 구워 항상 갓 구운 크루아상을 제공한다. 판매 공간과 주방이 분리되지 않아 주방 내의 온도는 매우 높다. 따라서 생지의 온도가 올라가지 않도록 신속하게 잘라야 한다. 구울 만큼만 자르고 나머지는 냉동실에 넣어두는 것은 생지의 온도가 올라가지 않도록 하기 위해서이다.

이등변삼각형으로 자르고 밑변에서 꼭짓점 방향으로 만 후, 양 끝을 약간 구부려 초승달 모양을 만든다.

발효실에 넣은 후 전란을 발라 오븐으로 굽는다.

오븐에 넣을 때는 철판을 2장 겹치고 생지를 나란히 올린다. 윗불 220℃, 아랫불 200℃의 오븐에서 15분간 구운 후, 윗불을 180℃로 내리고 아랫불은 그대로 둔 채 다시 3분간 굽는다. 화강암으로 만든 오븐은 복사열이 강하므로, 철판을 2장 겹치는 것이다. 중간에 윗불을 낮추는 것은 구운 색이 고르게 나도록 하기 위해서이다.

크루아상 오 불레

Boulangerie a bientot

불랑주리 아비앙또

오너 셰프 마쓰오 기요시

주변이 지저분해지지 않아 먹기 편한 크루아상

다노와즈(Danoise)에도 사용하기 위해
생지 자체의 맛이 잘 느껴지도록
리치하게 만든 크루아상.
저온 장시간 발효로 제대로 숙성시켜,
씹는 느낌을 살리고 먹기 좋게 완성한다.

ⓟoint

_저온 장시간 발효로 씹는 느낌이 좋고,
부드러운 식감으로 만든다.
_공정마다 냉동·냉장을 하여 생지에
스트레스를 주지 않는다.

◇ **Variation** ◇

쇼콜라 바나느

틀에 잘게 자른 생지를
깔고 파티시에르과 바나
나. 살구잼을 겹쳐 올린
후 발로나 초콜릿을 바
른다.

팽 오 쇼콜라

부드러운 벨기에산 밀크
초콜릿을 생지로 만다.
리치한 생지로 만들어
과자 느낌으로 완성한다.

몽 다쿠와즈

크루아상 생지에 양귀비
씨를 바르고 말아 성형.
고온에서 제대로 구워
고소하게 완성한다. 오돌
토돌한 식감을 즐길 수
있다.

크루아상 오 불레

배 합

프랑스(도리고에제분) 50%
하베스트(이사카제분) 50%
세미드라이이스트 1%
그래뉴당 10%
소금 2%
버터(모리나가유업) 3%
전란 18%
물 38%

충전용 버터

무염시트버터(모리나가유업) 60%

제 법

1. 믹싱	저속 2분, 고속 30초~1분	
	반죽 온도 19℃	
2. 냉동	-20℃의 냉동실에서 30분	
3. 냉장	-3~0℃의 냉장고에 하룻밤 둔다.	
4. 접기	늘린 생지로 버터를 감싼다. 3절 접기를 3회 하고 5mm 두께로 늘린다.	
	두 번째 접기 완료 후 냉장고에 20분 넣는다.	
5. 냉동	-20℃의 냉동실에서 1시간	
6. 냉장	-3~0℃의 냉장고에서 1~2시간	
7. 자르기	밑변 9.5cm, 높이 15.5cm의 이등변삼각형으로 자른다.	
8. 냉장	-3~0℃의 냉장고에서 20분	
9. 성형	밑변에서 꼭짓점 방향으로 말아 성형한다.	
10. 냉장	-3~0℃의 냉장고에서 3~6시간	
11. 최종 발효	온도 28℃, 습도 75%에서 1시간~1시간 10분	
12. 굽기	윗불 240℃, 아랫불 210℃에서 11~12분	

기 기

믹서 …… 켐퍼 스파이럴 믹서
오븐 …… 베이커즈프로덕션 전기오븐

먹기 편한 크루아상을 추구하여
식감과 맛에 변화를 주다

마쓰오 기요시 셰프는 겉이 바사삭 부서지는 크루아상은 먹기 불편하다고 생각한다. '크루아상 오 불레'는 씹는 느낌이 좋은 겉과 부드러운 속이 특징이다. 입에 넣기 좋도록 크기를 조절하여 먹기 편하게 만들었다.

전에는 다노와즈와 크루아상 사이를 목표로 삼아, 발효를 줄여 바삭한 식감을 만들려 했었다. 당시에는 버터의 향을 강하게 살리고, 달걀도 6%로 지금보다 심플하게 배합하여 만들었다. 그러다 2~3년 전 생각이 180도 바뀌었다. 무엇보다도 옷과 주변이 지저분해지지 않고 편하게 한손으로 먹고 싶다는 생각이 계기가 되었다. 또한 '식감중시의 크루아상은 많지만, 좀 더 생지에 맛을 내 생지 자체가 맛있는 크루아상이 좋지 않을까?'라고 생각한 것도 이유 중 하나이다.

냉동과 냉장을 반복하여 생지에
스트레스를 주지 않는다

12종류로 응용하여 만드는 '다노와즈'에도 생지를 병용하기 위해 전란 18%, 충전용 버터 60%를 배합하여 리치한 맛으로 만든다. 밀가루는 강력분 '프랑스'와 중력분 '하베스트'를 동량으로 사용한다. 강력분만으로는 글루텐이 너무 강해지기 때문에, 밸런스를 고려하여 중력분을 함께 사용한다. 또한 보존성과 냉내성(冷耐性)이 우수한 점, 그대로 믹싱을 할 수 있는 점 등, 다루기 편리하다는 점을 고려하여 세미드라이이스트를 선택하였다. 버터는 신전성이 좋은 모리나가유업의 '특제버터'를 사용한다.

마쓰오 셰프는 배합과 재료보다 공정 하나하나를 중요시한다. 모든 재료를 넣고 저속 2분, 고속 30초 동안 믹싱한다. 생지를 많이 반죽하지 않고 가루분이 살짝 남도록 19℃의 낮은 온도에서 반죽하는 것이 중요한 포인트이다. 이것은 밤새 장시간 발효시키기 때문이며, 발효실에 넣기에도 적정한 온도이다. 물은 찬물을 사용하고 여름에는 밀가루를 차게 만드는 등의 조절을 한다.

믹싱 후 이스트의 활동을 억제하기 위해, -20℃의 냉동실에 30분 정도 둔다. 생지를 바로 -3~0℃의 냉장고로 옮겨 하룻밤 그대로 둔다. 저온에서 물과 밀가루가 골고루 잘 섞이고 충분히 숙성되면 '바사삭 부서지지 않는 생지'가 만들어진다.

여러 번의 냉장으로 버터가 단단해져 층 속에서 끊어질 수 있으므로 버터를 감싸고 생지가 약간 부드러워졌을 때 3절 접기를 단번에 2회 한다. 강해진 이스트의 활동을 냉동으로 억제시켰다면, 이번에는 생지를 부드럽게 만들기 위해서 냉장고에 20분간 둔다. 세 번째 3절 접기를 하여 5mm 두께로 조절한다. 같은 이유에서 다시 냉동하고 냉장한 후 밑변 9.5cm, 높이 15.5cm의 이등변삼각형으로 자른다. 여기서도 생지에 힘이 들어가 생지가 강해지므로, 바로 성형하지 말고 냉장고에 잠시 두어 안정화시킨 후 작업한다. 또한 성형 후에도 3~6시간 냉장고에 두어 생지를 부드럽게 만든다. 3~6시간으로 시간의 폭이 넓은 것은 조금씩 굽고 굽자마자 판매하기 때문이다.

최종 발효와 굽기를 거쳐 완성된 '크루아상 오 불레'. 냉동, 냉장을 반복하는 것은 생지에 스트레스를 주지 않기 위해서이다. "생지와 버터의 단단함을 균일하게 하여 버터를 제대로 접고, 생지를 휴지시키는 시간을 충분히 갖는 등 기본 과정을 철저히 하는 것이 중요하다"라고 셰프는 말한다. 작업을 꼼꼼히 해야 층이 균일한 안정된 상품을 만들 수 있다. 따라서 온도 관리는 당연한 것. '불랑주리 아비앙또'에서는 파이실을 설치하고, 온도를 0℃로 설정한다. 온도 조절을 엄격히 하며 크루아상을 만들고 있다.

크루아상

神戸御影 小麦 〔폐업〕

고베미카게 고무기

셰프 호리카와 쇼지

접는 횟수를 줄여 보다 가벼운 식감을 만든다

1차 발효를 하지 않고
3절 접기의 횟수를 3회에서 2회로 줄여
보다 바삭한 식감을 만든다.
스페인제 가마로 구워
생지에 열이 고르게 전달되고
버터의 풍미도 잘 산다.

ⓟoint

_1차 발효를 하지 않고 파이 같은 식감으로 완성한다.
_3절 접기의 횟수를 3회에서 2회로 줄인다.

◇ **Variation** ◇

과일 대니시

망고나 키위 등 제철과일로 만든 대니시. 사진은 여름밀감과 잘 어울리는 크림치즈를 조합한 것이다.

계절 대니시

생지를 5mm 두께로 늘리고 타르트와 같이 만든다. 매일 만든 수제 커스터드크림과 제철 과일을 올려 굽는다.

아몬드크림

정사각형 크루아상 생지로 크렘 다망드를 감싼다. 크렘 다망드가 살짝 보이도록 가볍게 감싸는 것이 특징이다.

크루아상

배 합

슈퍼킹(닛신제분) 50%

리스도르(닛신제분) 50%

생이스트 3.5%

소금 2.1%

그래뉴당 4%

몰트 0.5%

탈지분유 2%

물 50%

충전용 버터

발효시트버터(메이지유업) 50%

제 법

1. 믹싱   저속 5분
   반죽 온도 16℃
2. 냉동   -15℃의 냉동실에 2시간 넣는다.
3. 접기   생지를 늘려 버터를 감싼다. 3절 접기를 2회 하여 -15℃의 냉동실에
   6시간 정도 넣은 후, 0℃의 냉장고로 옮겨 하룻밤 그대로 둔다.
   첫 번째 접기 완료 후 냉동실에서 1시간 휴지시킨다.
4. 자르기·성형   롤러로 4mm 두께로 늘리고 밑변 8.5cm, 높이 17cm, 45g의 이등변삼
   각형으로 자른다. 5~10분 휴지시킨 후(여름에는 냉장고에 넣는다),
   밑변에서 꼭짓점 방향으로 가볍게 말아 성형한다.
5. 최종 발효   온도 28℃, 습도 80%에서 1시간
6. 굽기   생지에 전란을 솔로 바르고, 220~230℃에서 11~12분

기 기

믹서 …… 켐퍼 스파이럴 믹서

오븐 …… 타이소 돌가마

3절 접기 횟수를 3회에서 2회로 줄여 만든 식감

1991년 개점한 이래, '고베미카게 고무기'에서는 버터접기의 기본이라고 할 수 있는 '3절 접기 3회'를 해왔었다. 사람들은 버터의 풍미를 중요시한 바삭한 식감의 빵을 좋아하지만, 호리카와 셰프는 이보다 한층 업그레이드된 크루아상을 추구했다. 목표는 '한 번 베어 물었을 때 지금보다 더 바삭한 식감, 그리고 버터의 고소함이 입안에 오랫동안 머무는 크루아상'이다.

따라서 접기 작업을 연구했다. 2008년 3월부터 3절 접기 횟수를 1회 줄여 2회로 했는데, 결과적으로 27층에서 9층으로 줄어 보다 바삭하고 가벼운 식감이 완성되었다.

이런 식감을 실현할 수 있었던 것은 버터의 접기 횟수를 줄이는 것은 물론, 1차 발효를 하지 않는 제법, 그리고 스페인산 돌가마로 굽는다는 점과 관계가 있다.

돌가마는 오너 노무라 마사카즈 씨가 다른 빵집과 차별화하기 위해 개점 때 수입한 것이다. 스페인에서 기술자를 불러 조립한 2톤 남짓의 큰 돌가마로, 열이 고르게 전달되는 것이 최대의 장점이다. 원래 열원은 장작이지만 매장이 번화가 안에 있어 본가드사의 가스버너를 열원으로 사용하고 있다.

께로 늘려 3절 접기를 1회 하고 1시간 냉동실에서 휴지시킨 후, 두 번째 3절 접기에 들어간다. 접기를 마친 생지는 6시간 정도 냉동실에 넣어 차게 하고 그 후 0℃의 냉장고에 옮겨 하룻밤 그대로 둔다. 냉장고로 옮기는 것은 생지에 손상이 가지 않도록 천천히 해동하기 위해서이다.

다음 날 아침 성형을 한다. 최종 두께 4mm로 밀고 이등변 삼각형으로 자르는데, 이때 칼을 수직으로 들어 자르는 것이 포인트이다. 이렇게 하면 모양이 더욱 좋아진다.

성형할 때의 힘의 세기도 매우 중요하다. 힘을 많이 주지 않은 채 밑변에서 꼭짓점 방향으로 말아 성형한다. 보기 좋은 층을 만들기 위해 단면을 만지지 않도록 주의한다.

최종 발효는 온도 28℃, 습도 80%의 발효실에서 1시간 넘게 하는데, 생지를 만져보고 발효 정도를 확인한다. 손가락으로 눌렀을 때, 생지의 탄력이 느껴지고 손가락 자국이 생지에 남을 때 발효실에서 생지를 꺼낸다. 보기에도 볼륨감이 좋은 상태이다.

달걀물은 최소량만 바른다. 층의 옆면에는 바르지 않아 구운 색이 대비되도록 한다. 잠시 그대로 두어 생지의 표면을 건조시킨 후 굽는다. 돌가마의 온도는 220~230℃이고, 만일 전기오븐이라면 230~240℃ 정도가 적당하다.

가벼운 식감을 위해 1차 발효는 하지 않는다

밀가루는 바삭한 식감을 위해 '슈퍼킹', 탄력을 만들기 위해 '리스도르'를 동량으로 사용한다. 그래뉴당은 4%로 적은 편이다. 밀가루와 버터의 향을 내고 생지를 달지 않게 만들기 위해서이다. 생지에 우유의 풍미를 더하기 위해 탈지분유를 사용한다. 우유를 사용하면 풍미가 너무 강해지기 때문이다.

믹싱은 밀가루의 글루텐이 가능한 생기지 않도록 5분으로 짧게 한다. 믹싱 후 손으로 생지를 뭉쳐두면 생지의 신전성이 좋아지고 접기도 수월해진다고 한다.

이후 파이 같은 식감을 만들기 위해 1차 발효는 하지 않고 -15℃의 냉동실에 넣어 발효를 멈춘다.

접기는 앞서 설명한 대로 3절 접기를 2회 한다. 5mm 두

크루아상

CHEZ SAGARA

쉐 사가라

오너 셰프 사가라 가즈키미

발효의 깊은 풍미가 느껴지는 빵집다운 맛

Point

_ 상온 발효를 확실히 하여 발효의 풍미를 낸다.
_ 생지의 퍼짐성을 최대한 살리고, 입안에서 사르르
녹게 만든다.

◇ **Variation** ◇

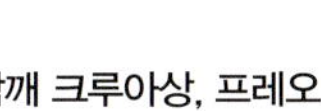

참깨 크루아상, 프레오	딸기 대니시	자몽 대니시	파인애플과 패션프루트 대니시
자투리 생지를 활용해 구운 파이 같은 식감을 가진 과자. 프레오는 시나몬슈거와 아몬드를 넣어 만든다.	크림은 커스터드와 화이트초콜릿. 딸기는 굽지 않고 과육의 식감을 살리는데, 그래뉴당을 묻혀 하룻밤 두어 생지와의 식감 차이가 적게 나도록 한다.	피스타치오크림을 올려 구운 후, 커스터드와 레몬 풍미의 크림치즈를 짜서 구워 윤기를 만든다.	직접 만든 패션프루트잼, 파인애플 콩포트, 크림치즈를 조합하여 새콤달콤한 맛으로 완성한다.

발효의 깊은 풍미가 느껴지는 빵집다운 맛

배 합

클래식(닛폰제분) 60%

빌리온(닛신제분) 40%

세미드라이이스트 1.2%

굵은 소금 2.1%

그래뉴당 8%

몰트 0.8%

발효버터(메이지유업) 5%

물 24~26%

우유 20%

충전용 버터

발효파운드버터(메이지유업) 60%

제 법

1. 믹싱		저속 4~5분
		반죽 온도 22~23℃
2. 상온 발효		실온에서 약 30분
3. 냉동		생지를 얇게 밀어 -5℃의 냉동실에 하룻밤 냉동한다.

4. 접기 — 롤러로 늘리고 7mm 두께로 두들긴 버터를 사방에서 감싼다. 3절 접기를 3회 하고, -5℃의 냉동실에서 45~60분 휴지시킨다. 첫 번째와 두 번째 접기 완료 후 -5℃의 냉동실에서 15분간 휴지시킨다.

5. 자르기·성형 — 8mm 두께의 직사각형으로 늘리고 가운데 부분의 생지를 잘라 사용한다(양끝은 대니시에 사용한다). 3mm 두께로 늘리고 밑변 9cm, 높이 23cm의 이등변삼각형으로 자른다(1개 46g). 밑변에서 꼭짓점 방향으로 말아 성형한다.

6. 최종 발효 — 온도 28℃, 습도 75%에서 120분

7. 굽기 — 전란에 물을 넣어 섞은 후 생지에 바르고 윗불 230℃, 아랫불 180~200℃에서 13~14분

기 기

믹서 …… 간토혼합기공업 버티컬 믹서

오븐 …… 도쿠라상사 전기오븐

식감, 향, 풍미의 균형을 잡는다

사가라 가즈키미 셰프는 크루아상뿐만 아니라 모든 빵을 개성보다 기본에 충실하여 만들고 싶다고 생각한다.

"'쉐 사가라'는 여러 세대의 사람들이 오는 동네 가게이다. 따라서 많은 사람들에게 친숙한 빵을 메인으로 하고, 나의 개성을 표현할 수 있는 빵도 함께 선보이고 싶다. 특별한 재료나 할인 문구로 손님들을 끌고 싶지 않다."

그런 사가라 셰프가 지금 목표로 하는 것은 밸런스 좋은 크루아상이다. 밸런스란 아래의 5가지 관점인데, 첫째는 바삭바삭한 겉, 둘째는 입안에서 사르르 녹는 느낌, 셋째는 밀의 향, 넷째는 버터의 향, 마지막은 발효의 풍미이다. 이것들을 동그랗게 나열했을 때 보기 좋은 원의 상태가 되는 것이 이상적이라 생각한다.

발효의 풍미가 돋보이는 빵집다운 맛

'쉐 사가라'의 크루아상은 겉은 바삭하고 씹는 느낌이 좋으며, 반대로 속은 촉촉하고 폭신폭신하다. 겉과 속의 확실한 대비에 의해 강약이 느껴지는 식감이 매력적이다.

이런 식감을 만들기 위한 두 가지의 포인트가 있다. 우선 수분을 적게 배합하여 단단한 식감의 생지를 만드는 것. 그리고 생지를 단단하게 만드는 만큼, 접을 때 생지가 끊어지지 않도록 휴지시켜가며 늘리는 것이다. 어느 쪽이 더 중요하다기보다 두 가지가 동시에 달성되어야 생기는 식감이다.

수분을 줄여 단단한 생지를 만들기 때문에 공정마다 건조되지 않도록 특히 주의해야 한다. 예를 들어 냉동실에 넣을 때 비닐로 덮는 가게도 많지만, '쉐 사가라'에서는 꼭 짠 젖은 면포를 덮어 보습을 확실히 하고 있다.

밀가루는 신전성을 고려하여 회분이 높고 오븐 스프링이 잘 일어나는 '클래식'을 기본으로 하고, 볼륨감이 좋은 '빌리온'으로 힘을 보충한다.

크루아상은 어디까지나 밀의 향이 토대가 되고 그 위에 버터의 향이 더해지는 것이다. 향은 수분이 날아가는 시점에서 돋보이므로, 굽는 과정이 포인트라고 사가라 셰프는 말한다.

밀 입자까지 열이 확실히 전달되어 구워지도록 접기 전에 하룻밤 천천히 휴지시킨다. 생지를 충분히 수화시키고 제대로 발효시켜 열이 고르게 전달되도록 정성을 다한다. 또한 섬세한 층을 만들어 수분이 잘 빠지도록 길을 만드는 것도 열이 고르게 전달되는 비법이다. 앞서 설명한 대로 생지를 단단하게 만들면 접을 때 생지와 버터가 각각 잘 늘어나는 환경이 만들어져 보다 균일한 층으로 완성된다.

파티시에의 경험을 가진 사가라 셰프는 "디저트 전문점에서 크루아상을 만들던 때는 사실 발효에 대해 잘 몰랐다. 발효를 조절하느냐 조절하지 않느냐, 이것이 디저트 전문점과 빵집의 차이점이다. 빵집의 크루아상은 발효로 만든 깊은 맛이 필요하다"라고 말한다. 그리고 이런 발효의 풍미는 믹싱 후의 상온 발효에 의해 더욱 살아난다. 현재는 30분 동안 발효하지만, 이전에는 10분밖에 하지 않았다. 그때는 버터의 향이 바로 느껴졌고 어딘가 부족하단 느낌이 들었다. 이런 시간의 차이로 풍미는 놀랄 만큼 달라진다. 이렇듯 기본 공정에 중요한 포인트가 있기 때문에 작업 하나하나에 정성을 다하는 것이 중요하다.

크루아상

Boulangerie Tendrement
불랑주리 탕드르망

오너 와타나베 히로유키

종을 배합하여 '어디에도 없는 맛'을 만들어낸다

휴일에는 120개가 완판될 정도로 인기가 많은 크루아상. 변형종(가에시다네, 본반죽의 발효가 잘 되도록 발효종으로 만들어둔 종), 블렌딩한 밀가루, 향이 좋은 버터를 사용해 버터의 향과 밀의 감칠맛, 두 가지를 함께 느낄 수 있도록 만든다.

ⓟoint

_이틀에 걸쳐 만든 변형종을 사용하여 감칠맛과 작업성을 높인다.
_3종류의 밀가루를 블렌딩하여 볼륨감과 감칠맛을 높인다.

◇ **Variation** ◇

팜플무스로제

사워크림과 커스터드크림을 섞은 새콤달콤한 크림에 루비자몽을 올려 산뜻한 맛을 만든다.

페셰

얇게 슬라이스한 복숭아로 장식한. 섬세한 인상을 주는 상품. 아래에는 파인애플 풍미의 커스터드크림과 사워크림을 합쳐 깐다.

쇼콜라 오 페이스트리

초콜릿을 맛볼 수 있는 디저트. 안에는 생초콜릿, 초콜릿크림, 바통쇼콜라 등을 넣고 위에는 초콜릿을 넣은 생크림을 올린다.

선물용 꽃빵

사프제 빵 콘테스트의 수상작품이다. 프랑부아즈를 넣은 크림치즈로 만든 브리오슈를 속에 넣는다. 15cm 정도의 크기이다.

배 합

발효종

레장데르(닛신제분) 100%

사프 세미드라이이스트(레드) 0.3%

물 60%

본반죽

레장데르 40%

리스도르 40%

슈퍼카멜리아(닛신제분) 20%

사프 세미드라이이스트(골드) 1.8%

굵은 소금(게랑드 소금) 2.2%

그래뉴당 8%

몰트(유로몰트) 0.5%

변형종

발효종 160%

리스도르(닛신제분) 100%

물 70%

버터(남일본낙농협동) 6%

우유 30%

물 13%

변형종 25%

충전용 버터

발효파운드버터(남일본낙농협동) 생지 양의 65%

제 법

발효종

1. 믹싱   저속 5분, 중속 1분 / 반죽 온도 25℃

2. 발효·냉장   25℃에서 60분 발효 후, 5℃에서 하룻밤 냉장한다.

변형종

1. 믹싱   저속 5분, 중속 1분 / 반죽 온도 25℃

2. 발효·냉장   25℃에서 60분 발효 후, 5℃에서 하룻밤 냉장한다.

본반죽

1. 믹싱   저속 5분 / 반죽 온도 24℃

2. 상온 발효   실온에서 20분

3. 분할   1800g으로 분할하여 둥글린다.

4. 휴지   실온에서 40분

5. 냉장 발효   가볍게 가스를 빼고, 5℃에서 하룻밤 냉장한다.

6. 접기   두들긴 버터를 사방에서 생지로 감싸고, 롤러로 8mm 두께로 늘린다. 4mm 두께로 3절 접기 2회, 4절 접기 1회 하여 5℃의 냉장고에 40분 넣어둔다. 첫 번째와 두 번째 접기를 완료할 때마다 5℃의 냉장고에서 30분 휴지시킨다.

7. 자르기   2.5mm 두께로 늘리고 밑변 10cm, 높이 20cm의 이등변삼각형으로 자른다(1개 48g). 비닐로 덮어 5℃에서 20분간 냉장한다.

8. 성형   역삼각형으로 두고 아래로 약간 잡아당긴 후, 방향을 바꿔 밑변에서 꼭짓점 방향으로 만다.

9. 최종 발효   온도 26℃, 습도 80%에서 60분

10. 굽기   전란을 두 번 바르고 220℃에서 16분

기 기

믹서 …… 켐퍼 스파이럴 믹서

오븐 …… 구시자와전기제작소 돌가마 오븐

이틀에 걸쳐 만든 종을 이용하고
밀가루를 블렌딩하여 감칠맛을 더한다

하루 400명이 방문하는 후쿠오카시의 유명 빵집 '탕드르 망'. 크루아상은 휴일에 120개가 판매될 정도로 인기가 많은 상품 중 하나이다. 와타나베 히로유키 오너가 추구하는 것은 버터의 진한 향뿐만이 아니라, 밀가루의 감칠맛을 함께 맛볼 수 있는 크루아상이다. 게다가 본고장 프랑스의 크루아상과 비슷한, 바삭하며 씹는 느낌은 좋은 식감을 만들고 싶어 한다.

강한 감칠맛을 가진 생지를 만드는 데 가장 중요한 포인트는 두 가지이다. 변형종을 사용하고 밀가루를 블렌딩하는 것. 변형종은 첫날에 '레장데르', 이스트, 물을 믹싱→발효→ 냉장시켜 발효종을 만들고, 이튿날 '리스도르'와 물을 넣고 다시 같은 과정을 거쳐 완성한다. 과정은 번거롭지만 이렇게 만든 변형종을 사용해 다른 빵집과 차별화된 독자성을 추구한다.

변형종은 감칠맛을 높이는 것 외에도 생지의 힘을 강화시켜 부드럽게 늘어나게 하며, 안정성을 향상시키는 효과도 있다.

블렌딩할 밀가루는 감칠맛과 향의 정도를 염두에 두어 프랑스빵 전용 밀가루 '레장데르', '리스도르', 초강력분 '슈퍼 카멜리아' 3종류를 선택했다. 전에는 '리스도르'와 '슈퍼카멜리아' 두 종류를 동량으로 사용했지만, 밀 외피가 들어간 '레장데르'를 넣어 감칠맛과 향을 보다 강하게 했다. 블렌딩하는 또 다른 이유로 볼륨감을 내기 위한 목적도 있다.

충전용 버터는 저수분으로 향이 강하지 않은 미야자키현의 '다카치호 발효버터'를 선택했다.

장시간 숙성하여 보기 좋은 층을 만든다

저속으로 5분 믹싱한다. 깊은 맛을 내기 위해 수분은 우유를 주로 사용한다. 단 우유만으로는 나중에 생지가 수축될 수 있으므로 물을 10% 배합하여 다루기 좋게 조절한다. 믹싱 후, 손상된 생지를 휴지시키고 20분간 발효시킨다. 분할하여 둥글린 다음 휴지를 40분간 길게 하는 것이 특

징이다. 균일하고 보기 좋은 층을 만들기 위해 접기 전에 생지를 5℃에 하룻밤 두어 충분히 숙성시키는데, 휴지를 짧게 하면 숙성 시 가스를 유지하는 힘이 약해져 좋은 효과를 얻을 수 없다.

'탕드르망'에서는 3절 접기 3회가 아닌 3절 접기를 2회 한 후 4절 접기를 1회 하는 매우 독특한 방법으로 만든다. 36층이라는 많은 층을 만들어 추구하는 바삭한 식감을 완성했다. 초강력분의 작용으로 생지의 수축성이 강해지므로 5℃에서 40분간 두어 차게 만든다. 생지가 늘어나기 쉬운 환경을 만들면서 접기 작업을 하면 끝에서 끝까지 모두 균일한 층을 만들 수 있다.

먹었을 때 질리지 않을 분량으로 고려하여 1개 48g으로 자른다. 이등변삼각형의 꼭짓점을 약간 잡아당겨 가며 성형하는데, 여기서 가운데에 힘을 너무 주면 구울 때 양 가장자리가 휘어 둥근 모양이 되어버린다. 그래서 마지막 접기를 약간 느슨하게 하여 보기 좋게 구워지도록 궁리했다. 최종 발효는 버터의 융점을 고려하여 26℃ 이상이 되지 않도록 온도에 주의한다. 크기를 고려하여 굽기에 들어갈 타이밍을 계산한다. 보기에도 바삭함이 느껴지도록 구운 색을 제대로 낸다.

지금까지 여러 가지 포인트를 설명했지만, 기본을 확실히 지키는 것이 무엇보다도 맛의 가장 큰 비법이라며 와타나베 셰프는 기본의 중요성을 다시 한 번 말한다.

스위트 크루아상 25

あこ庵

아코앙

이사 곤도 야스히로

버터의 양을 줄여 담백하고 건강한 맛으로 완성한다

직접 만든 천연효모로 장시간 발효시킨
감칠맛이 돋보이는 크루아상.
충전용 버터의 배합을 25%로 낮춰
담백하고 건강한 맛으로 만든 대인기 상품이다.

❶Point

_충전용 버터를 25%로 낮춘 건강한 크루아상
_소량의 참기름을 넣어 생지에 쫄깃함을 더한다.

◇ **Variation** ◇

검은콩&콩가루 대니시

콩가루와 검은콩을 넣어 만든 일본 스타일의 대니시. 위에 콘프레이크를 뿌려 식감에 악센트를 준다.

단팥 대니시

팥과 버터크림이 들어 있는 큼지막한 대니시. 단팥은 홋카이도산 유기농 팥을 사용한다.

크림치즈 대니시

크림치즈 아래에 걸쭉한 커스터드크림을 넣는다.

아몬드 프레첼

땅콩크림을 바르고 아몬드슬라이스를 묻혀 고소한 맛으로 만든다.

스위트 크루아상 25 버터의 양을 줄여 담백하고 건강한 맛으로 완성한다

배 합

몽블랑(다이이치제분) 100%

아코 천연효모 생종 10%

소금(시마마스) 1.5%

센소토 10%

다이하쿠 참기름(참깨를 볶지 않고 짠 것) 3%

물(정수) 46%

충전용 버터

무염버터(유키지루시유업) 25%(스위트 크루아상 40은 40%)

제 법

1. 믹싱 저속 1분, 중저속 5분
   반죽 온도 20~22℃
2. 1차 발효 20~22℃에서 12시간 전후
3. 분할 1700g으로 분할한다.
4. 접기 생지를 7℃ 이하까지 차게 만들고 8mm 두께로 늘려 버터를 감싼다.
   롤러로 3절 접기를 2회('스위트 크루아상 40'의 경우 3절 접기 3회) 하여
   3.5mm 두께로 늘린다.
5. 자르기·성형 밑변 7cm, 높이 23cm의 이등변삼각형으로 자르고, 밑변에서 꼭짓점
   방향으로 돌돌 말아 성형한다.
6. 최종 발효 온도 30℃, 습도 85%에서 3시간~3시간 반
7. 굽기 윗불 225℃, 아랫불 210℃에서 12분

기 기

믹서 …… SK믹서 스파이럴 믹서
오븐 …… 큐한 복사가마 가스오븐

재료가 단순하기 때문에 버터는 소량으로도 충분하다

'스위트 크루아상 25'는 충전용 버터의 배합을 25%로 낮춘 건강한 생지로 만들었다. 어떤 식사와도 잘 어울리고 느끼하지 않아 먹기 좋으며, 크루아상이 익숙하지 않은 사람들도 무난히 먹을 수 있다. 충전용 버터가 40%인 일반적인 크루아상과 비교했을 때, 약 4~5배 더 잘 팔린다.

곤도 씨는 '빵은 주연을 돋보이게 해주는 조연'이라고 생각하기 때문에, 심플하면서도 포만감이 없는 빵을 추구한다. 크루아상도 많은 재료를 넣지 않고 재료를 엄선해 사용하면 소량의 버터라도 깊은 맛과 향을 잘 낼 수 있다고 한다.

그러기 위해 반드시 필요한 것은 '아코양' 빵 모두에 사용하는 '아코 천연효모'이다. 천연효모는 40년 동안 곤도 씨가 연구를 거듭해 만들어낸 자사제 효모로, 원재료는 일본산 밀과 쌀뿐이다. 시큼한 산미와 잡미가 없고 밀가루의 맛이 직접적으로 잘 느껴진다.

크루아상의 재료는 아코 천연효모에 향과 씹는 느낌이 좋은 중력분 '몽블랑', 감칠맛을 돋보이게 해주는 최소량의 소금, 부드러운 단맛의 센소토, 거기에 소량의 참기름을 넣는 것이 포인트이다. 무미무취에 가깝도록 참깨를 볶지 않고 직접 짠 참기름이므로, 풍미를 남기지 않으면서 쫄깃한 식감을 만들 수 있다. 충전용 버터는 유키지루시유업의 무염버터이다. 다양한 회사의 버터로 크루아상을 만들어 손님들에게 테스트해본 결과, 가장 높은 평가를 받아 선택하게 되었다.

는 것이 중요하다.

5, 6곳을 손끝으로 눌렀을 때 생지 전체가 아래로 가라앉을 정도로 발효시킨 후, 생지를 꺼내 1700g으로 분할한다. 일단 7℃ 이하까지 차게 만든 후, 8mm 두께로 늘려 버터를 감싼다. 롤러로 3절 접기를 2회 반복한다. '스위트 크루아상 40'의 경우는 3회 반복하지만, '스위트 크루아상 25'는 버터 양이 적기 때문에 롤러로 작업을 반복하면 버터가 생지에 섞이게 되므로 2회에서 멈춘다. 따라서 가장자리까지 버터 층이 확실하게 생기도록 꼼꼼히 작업할 필요가 있다.

성형은 이등변삼각형으로 크게 자르고, 위로 볼록해지도록 생지와 생지 사이에 틈을 주며 가볍게 만다. 틈이 없으면 옆으로 넓어져 폭신한 식감이 되지 않는다. 다음 발효실에서 최종 발효를 한 후, 달걀물 등은 바르지 않고 그대로 굽는다. 오래 구우면 단단해지므로 12분 이내에 구울 수 있도록 온도를 조절한다.

"향과 맛이 좋은 밀가루, 담백한 맛을 만들어주는 효모, 고소하게 구워주는 오븐. 맛있는 빵을 만들기 위해서 이 3가지가 필요하다"라고 곤도 씨는 단언한다.

천연효모와의 궁합이 좋은 큐한의 복사열 가스오븐을 애용한다. 돌가마보다 구운 후 향이 좋고, 전기가마보다 운영비가 적은 것이 매력이다. 또한 온도조절을 신속히 할 수 있다는 점도 빵에 있어서 큰 장점이다. 도쿄 내에서 '아코 천연효모'와 복사열 가스오븐을 사용한 셰프를 위한 세미나를 개최하여 호평을 받고 있다.

자사제 천연효모로 충분히 발효시켜, 감칠맛을 낸다

고속으로 믹싱하면 생지에 손상이 가고 밀가루의 풍미도 줄어들기 때문에 천천히 믹싱한다. 최소한의 글루텐이 생기면 생지 전체를 둥글리고 약 12시간 동안 1차 발효를 한다. 발효 중에 '아코 천연효모'가 감칠맛을 만들어내기 때문에 약간 과발효 느낌이 날 때까지 충분히 시간을 들이

크루아상 오 르뱅

Boulangerie le feuillage
불랑주리 르 피아주

오너 셰프 스에요시 겐이치

저온 장시간 발효로 르뱅종의 풍미를 살린다

이스트를 사용하지 않고, 버터의 향과
르뱅종의 풍미를 잘 살린 크루아상이다.
수분을 유지시켜 노화를 늦춘 것도 큰 매력이다.
저온 장시간 발효로 촉촉하고 쫄깃한 속을 가진다.

ⓟPoint

_ 이스트는 사용하지 않고, 르뱅종 100%로
　발효시킨다.
_ 상온 발효를 따로 하지 않고 24시간 동안
　저온 장시간 발효를 한다.

◇ **Variation** ◇

크루아상 오 다망드
시럽으로 절인 크루아
상에 커스터드크림과
아몬드크림을 짜 넣고,
160℃의 저온에서 구운
인기상품.

팽 오 쇼콜라
칼보사(Callebaut)의 커버
추어를 감싸 만든 응용
상품. 초콜릿을 2개 넣어
리치한 풍미로 만든다.

플로랑틴
벌꿀, 설탕, 생크림으로
맛을 낸 견과류를 동그
란 생지 위에 올려 굽는
다. 견과류 아래에는 은
은한 단맛을 가진 아몬
드크림이 있다.

크루아상 오 르뱅

배 합

리스도르(넛신제분) 100%

소금 1.8%

르뱅종 ▪ 30%

센소토 10%

탈지분유 3%

발효무염버터(요츠바유업) 7%

몰트 0.5%

전란 10%

물 48%

충전용 버터

발효무염버터(요츠바유업) 60%

> ▪ 르뱅종은 '리스도르' 100%, 기본 르뱅종 160%, 소금 0.02%, 물 60%를 손반죽하여 상온에서 24시간 발효시킨다.

제 법

1. 믹싱　　1단 4분, 2단 30초~1분
　　　　　　반죽 온도 24℃

2. 저온 발효　4℃의 냉장고에 24시간 둔다.

3. 접기　　생지로 충전용 버터를 감싼다. 3절 접기를 2회 연속한 후 -20℃의
　　　　　　냉동실에 30~40분 동안 휴지시킨다. 다시 3절 접기를 1회 하고
　　　　　　-20℃의 냉동실에서 30~40분간 휴지시킨다.

4. 자르기·성형　2.5mm 두께로 늘린 후 밑변 10cm, 높이 21cm의 이등변삼각형으로
　　　　　　잘라, 밑변에서 꼭짓점 방향으로 돌돌 말아 성형한다.

5. 최종 발효　온도 30℃, 습도 68~70%에서 90~120분

6. 굽기　　윗불 230℃, 아랫불 180℃에서 12~14분

기 기

믹서 …… 아이코제작소 버티컬 믹서

오븐 …… 베이커즈프로덕션 전기오븐

효모를 활성화시킨 후 믹싱하는 르뱅종

먹을 때 바사삭 부서지는 크루아상을 만들고 싶다는 스에요시 셰프. 바삭하고 씹는 느낌이 좋은 겉과, 촉촉하고 쫄깃한 속을 목표로 한다. 또한 이스트는 일절 사용하지 않고, 이름대로 르뱅종만으로 발효시키는 것이 특징이다.

천연효모의 풍미와 향을 최대한 살리기 위해 자가배양 르뱅종을 30% 배합한다. 미리 르뱅종을 만든 후, 믹싱 때 넣는다. 효모를 활성화시켜 가장 좋은 상태가 되었을 때 본반죽을 시작하기 위해서이다. 르뱅종의 불안정한 발효는 이 과정을 통해 안정화시킬 수 있다.

르뱅종은 '리스도르' 100%, 기본 르뱅종 160%, 소금 0.02%, 물 60%를 가루 느낌이 없을 때까지 손으로 섞고 약 20℃의 상온에 24시간 그대로 둔다. 글루텐이 생기지 않도록 믹서를 사용하지 않고 손으로 반죽한다. 생지가 너무 강해지지 않도록 밀가루는 프랑스빵 전용 밀가루를 사용한다. 또한 기본 르뱅종은 캘리포니아산 건포도를 일주일간 물에 담가 가스가 발생하기 시작하면 효모액과 밀가루를 섞어 다시 하루 동안 그대로 두어 만든다.

본반죽 때도 르뱅종에 사용하는 '리스도르'를 사용한다. 소금은 미네랄을 함유하면서 쓴맛과 부드러운 맛을 동시에 가진 아코산 소금, 설탕은 질리지 않는 깔끔한 단맛의 센소토, 버터는 깊은 맛이 있고 유지와 수분의 밸런스가 좋은 요츠바유업의 '발효무염버터'를 사용한다. 또한 보다 리치한 풍미를 더하기 위해 전란을 넣고, 이스트의 활동을 돕기 위해 몰트도 넣는다. 수분량이 적은 것은 부재료의 양을 고려했기 때문이다.

와 물을 고르게 섞이도록 한다. 이것이 프랑스빵의 기본이라고 스에요시 셰프는 말한다.

또한 상온 발효 과정 없이 저온 장시간 발효를 하면 생지의 수화 상태가 좋아지고, 신전성이 매우 우수해진다. 만일 여기서 상온 발효를 하면 식감이 좀 더 부드러워진다.

이때 발효의 판단 기준이 어려우면서도 중요한 포인트이다. "손가락으로 눌러보는 것 외에 냄새, 윤기, 손의 감촉 등으로 판단하기 위해서는 많은 경험이 필요하다"라고 말하는 스에요시 셰프. 발효를 너무 많이 하면 폭신한 빵이 되고 발효가 부족하면 구울 때 가장자리가 뒤집어지는 원인이 된다.

접는 작업은 신속히 한다. 생지의 가장자리까지 버터가 모두 퍼지고, 균일하게 접는 것이 보기 좋은 층을 만드는 비결이다. 접고, 자르고, 성형을 한 후 온도 30℃, 습도 68~70%의 발효실에 90~120분 넣어둔다. 오븐의 온도는 윗불을 250℃로 설정하고 생지를 넣은 후 230℃로 내린다. 아랫불은 180℃로 고정하여 12~14분간 굽는다. 고온으로 확실하게 굽는다.

아침에 구입해도 밤까지 바삭한 식감의 겉과 촉촉한 속을 유지하는 '불랑주리 르 피아주'의 크루아상. 우수한 수분 유지로 인해 노화가 늦고, 오랫동안 품질이 유지되는 것은 르뱅종에 의한 발효 때문이다. "발효종부터 본반죽까지 이틀이 걸린다. 그러나 르뱅종에는 그런 과정조차 번거롭게 느껴지지 않는 매력이 있다."

24시간 저온 발효를 하고, 이틀에 걸쳐 만든 인기상품

공정에서의 가장 큰 특징은 믹싱 후에 상온 발효를 하지 않고 바로 4℃의 냉장고에서 24시간 발효시킨다는 점이다. 믹싱은 1단으로 4분, 2단으로 30초~1분이다. 가루의 느낌이 없어지기 직전에 믹싱을 멈추어 생지가 완벽하게 반죽되지 않은 상태에서, 저온 장시간 발효를 통해 밀가루

크루아상

La Bonton

라 봉통

점주 오제키 마사시

자가배양 르뱅 리퀴드를 사용하여 풍미를 살린다

주말이면 100개 가까이 팔릴 정도로
인기가 많은 크루아상으로, 리치한 배합이 매력이다.
약간 달콤하고, 포만감이 느껴지도록 만들었다.
하루에 6번 구워 갓 구운 빵을 판매하고 있다.

Point

_바삭한 식감을 내기 위해 재료를 엄선한다.
_발효버터의 향을 살리기 위해 상백당을 사용한다.

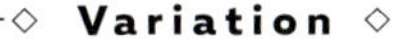

◇ **Variation** ◇

퀴느아망

버터를 접어 넣을 때, 시
나몬슈거를 뿌려 만든
응용 생지. 마지막에도
아몬드슈거를 뿌려 향을
더한다.

팽 오 쇼콜라

생지 35~40g으로 벨
기에산 초콜릿 2개를 감
싼다.

자가배양 르뱅 리퀴드를 사용하여 풍미를 살린다

배 합

슈발리에(닛토후지제분) 70%

테루아(닛신제분) 30%

생이스트 4~4.5%

소금(게랑드) 2.1%

상백당 13%

몰트 0.2%

무염버터(요츠바유업) 5%

전란 6%

우유 30%

물 20%

르뱅 리퀴드 10%

충전용 버터

발효시트버터(메이지유업) 50%

제 법

1. 믹싱	저속 5~8분 반죽 온도 23~25℃
2. 냉장 발효	4~7℃의 냉장고에 3시간 넣어둔다.
3. 접기	생지를 늘려 버터를 감싼다. 3절 접기를 3회 하여 -21℃의 냉동실에 30분 넣어둔다.
4. 자르기·성형	2.5mm 두께로 늘리고, 45~50g의 이등변삼각형으로 자른다. 밑변에서 꼭짓점 방향으로 만다.
5. 최종 발효	도우컨디셔너에 넣고 냉장→발효 10시간
6. 굽기	전란을 전체에 바르고, 윗불·아랫불 245℃에서 12~13분

기 기

믹서 …… SK믹서 버티컬 믹서

오븐 …… 미베 가스오븐과 전기오븐

리치한 배합에 르뱅 리퀴드를 넣어 풍미를 더한다

"크루아상은 브리오슈와는 배합이 약간 다르다. 즉 어느 정도는 리치한 배합이 필요하다"라고 점주 오제키 씨는 말한다.

앞서 말한 것처럼, '라 봉통'의 크루아상은 달걀, 우유, 무염 버터에 상백당을 13%로 많이 배합한다. 처음에는 상백당을 10% 정도 넣었는데, 약간 단맛이 적어 하나를 먹어도 만족감이 높도록 13%로 변경하였다.

또한 상백당을 사용하는 이유는 발효버터와의 궁합이 좋기 때문이다. 그래뉴당을 사용하면 약간 가볍게 완성된다고 한다.

르뱅 리퀴드를 10% 배합하는 점도 특징적이다. 생이스트만으로는 단조로운 향이 나는데, 르뱅 리퀴드를 사용하면 여러 풍미를 더할 수 있다. 발효되는 범위가 넓으므로, 생지에 가스가 잘 유지되고 깊은 맛이 난다는 점도 매력적이다. 게다가 노화가 늦어져 오랫동안 먹을 수 있다는 장점도 있다.

르뱅 리퀴드는 통밀가루와 물을 동량으로 섞어 24시간 발효시킨 후 몰트와 벌꿀 등을 넣고 액종을 만든다. 여기에 프랑스빵 전용 밀가루와 그의 3배보다 약간 적은 물을 넣어 종계 작업을 하여 만든 것이다. '라 봉통'에서는 팽 드 캄파뉴나 호밀빵처럼 이스트를 사용하지 않고 르뱅 리퀴드만으로 발효시킨 빵도 있는데, 오랫동안 발효하기 때문에 유산균의 향이 강하다.

바삭한 식감을 위해 재료를 엄선한다

오제키 씨는 바삭바삭한 식감의 크루아상을 추구한다. 그래서 고른 밀가루가 '슈발리에'와 '테루아'이다. 리치한 배합을 하기 위해 물과 우유를 함께 사용한다. 탈지분유보다 우유를 사용하는 것이 더욱 바삭한 식감을 만든다고 한다. 이런 식감을 유지시키는 데 가장 큰 역할을 하는 것도 앞서 말한 르뱅 리퀴드이다.

믹싱은 저속에서 5~8분, 그다지 많이 반죽하지 않는다. 단시간 믹싱하므로 반죽용 버터는 미리 부드럽게 만들어 둔다.

믹싱 후 4~7℃의 냉장고에 넣어 냉장 발효를 하여 생지에 풍미를 더한다. 추운 겨울철에는 냉장고에 바로 넣지 않고 30분 정도 발효시킨 후 냉장고에 넣어 생지 상태를 조절한다.

접기는 크루아상 성형의 기본인 3절 접기를 3회 한다. 버터는 좋은 풍미를 가진 메이지유업의 발효버터를 선택했다. 시트버터를 선택한 이유는 파운드버터보다 수분이 적기 때문이다.

두 번째 접기까지 연속해 작업한 후 -21℃의 냉동실에 넣는다. 핑거테스트를 하여 손가락 자국이 남을 정도까지 휴지시킨 후 마지막 접기 작업을 한다. 여기서 중요한 것은 생지와 버터는 항상 차가운 상태에서 작업한다는 것이다. 접기가 끝나면 -21℃의 냉동실에서 휴지시킨다.

휴지시킨 후 2.5mm로 늘리고 자르기·성형을 한다. 밑변에서 꼭짓점 방향으로 말아 성형하는데, 생지에 힘이 많이 가해지지 않아야 하며 손의 방향을 바깥쪽으로 빼면서 말아야 보기 좋게 성형된다.

도우컨디셔너를 사용하여 생지에 손상이 가지 않도록 10시간 동안 최종 발효시킨다. 최종 온도는 27℃이다.

윗불·아랫불 245℃의 오븐에서 12~13분간 굽는다. 이 온도 설정은 미베사의 오븐일 경우이며 일본제 오븐의 경우는 230℃ 정도가 적당하다.

가게 소개와 크루아상 게재 페이지

고나히키도 · こなひき洞

주소 가나가와현 지가사키시 난고 5-18-21
(神奈川県茅ヶ崎市南湖5-18-21)
전화 0467-57-5719
영업시간 8시~19시
휴일 월요일
www.konahiki.net

104p 크루아상

20대 때, 국내외 불랑주리 대회에 다수 참여한 오너 셰프. 지가사키시 지역 사람들의 생활에 밀착된 빵을 만들고 있으며, 소문을 듣고 멀리서 오는 손님도 있다.

긴무기 · 金麦 KINMUGI

주소 도쿄도 미나토구 시로카네다이 5-11-4
(東京都港区白金台5-11-4)
전화 03-5789-3148
영업시간 9시~19시
휴일 수요일
www.kinmugi.net

12p 크루아상

호텔 베이커리 출신의 이토 유이치 셰프가 2002년에 개점하였다. 베이직한 빵 외에도 제철 채소나 과일을 사용한 계절한정 상품도 있다. 먹을 수 있는 공간이 마련되어 있다.

듄느 라르테 · d'UNE rareTé

주소 도쿄도 시부야 진구마에 5-10-1GYRE
B1(東京都渋谷区神宮前5-10-1GYRE B1F)
전화 03-5468-0417
영업시간 11시~20시
휴일 연중무휴
www.dune-rarete.com

8p 라르테

'가치가 있는, 고귀한'이라는 가게 이름대로, "다른 곳에는 없는 빵을 선보이고 싶다"라고 말하는 스기쿠보 아키마사 셰프는 미식이 되는 빵을 추구한다. 구움과자와 콩피튀르(Confiture, 과일을 설탕으로 조린 것)도 제공하고 있다.

고베미카게 고무기 · 神戸御影 小麦 [폐업]

주소 효고현 고베시 히가시나다구 미카게 나카마치 1-10-11-102(兵庫県神戸市東灘区御影中町1-10-11-102)
전화 078-856-3940
영업시간 7시~20시 30분
휴일 목요일

128p 크루아상

1991년에 개점하였다. 스페인산 돌가마로 구운 하드계열의 빵과 대니시, 생지 맛이 돋보이는 식빵 등 응용 빵을 폭넓게 선보여 팬들을 매료시키고 있다.

네모 베이커리&카페 · nemo Bakery&Café

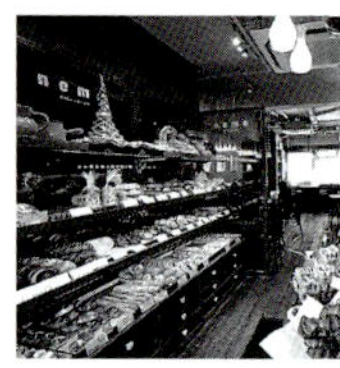

주소 도쿄도 시나가와구 고야마 4-3-12 TK
무사시코야마빌딩 1층(東京都品川区小山4-3-12 TK武蔵小山ビル1F)
전화 03-3786-2617
영업시간 9시~22시
휴일 수요일(공휴일은 영업)
www.nemo-bakery.jp

28p 특제 크루아상

'오바카날' 등에서 베이커리 셰프로 일한 경험이 있는 네모토 다카유키 셰프가 다양한 밀가루와 자가천연효모 등을 사용한 빵을 제공한다. 카페에서는 알코올류도 판매한다.

라 봉통 · La Bonton

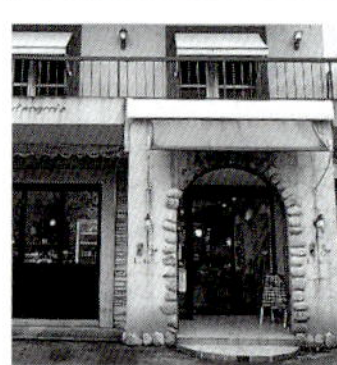

주소 니이가타현 나가오카시 게사지로 3-4-4
(新潟県長岡市今朝白3-4-4)
전화 0258-32-0222
영업시간 6시~19시(12월·1월·2월 7시~19시)
휴일 화요일
http://bonton.jp

148p 크루아상

끊임없이 빵을 연구하는 점주 오제키 씨는 20년 전부터 하드계열의 빵에 주력해왔다. 현재는 과자류를 포함하여 120종류를 만들어 선보인다. 주말에는 500명 이상이 올 정도로 인기가 많다.

라 불랑주리 카롱 · La boulangerie CALON

주소 도쿄도 하치오지시 다카쿠라마치 64-6
(東京都八王子市高倉町64-6)
전화 042-682-3757
영업시간 10시~20시
휴일 연중무휴
www.basel.co.jp/calon.html

64p 크루아상 자퐁

JR히노, 도요다역에서 도보 20분 거리인 주택가에 위치한다. -5℃ 냉
온실에서 72시간 동안의 '냉온 숙성' 등, 오너 셰프가 '실험실'이라고 부
르는 곳에서 만든 독창적인 빵이 호평을 받고 있다.

라 비에 엑스퀴즈 · La vie Exquise

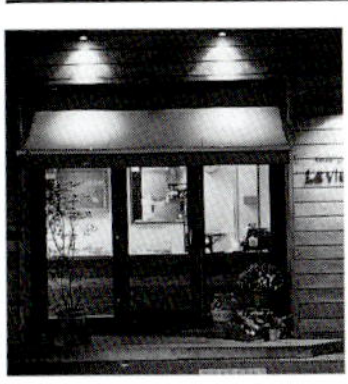

주소 도쿄도 세타가야구 후나바시 5-32-7(東
京都世田谷区船橋5-32-7)
전화 03-3304-2771
영업시간 9시~20시
휴일 화요일, 첫째·셋째 주 수요일

48p 크루아상

역에서 멀리 떨어져 있어 손님은 인근에 사는 주민들이 대부분이지만,
주말에 차로 방문하는 팬이 많을 정도로 인기가 많다. 독일에서 배운 경
험을 살려, 일본인에게 친숙하며 은은한 맛을 가진 빵을 목표로 한다.

르 르소르 · Le Ressort

주소 도쿄도 메구로구 고마바 3-11-14(東京
都目黑區駒場3-11-14)
전화 03-3467-1172
영업시간 8시~19시
휴일 일요일, 셋째 주 화요일

20p 크루아상

'장 밀레', '메종 카이저' 등에서 일을 하였고 프랑스에서의 유학 경험도
있는 시미즈 센코 씨가 2006년 8월에 개점했다. 시미즈 씨만의 센스가
돋보이는 60종류의 빵을 선보이고 있다.

르 쾨르 · Le Coeur

주소 치바현 치바시 미도리구 오유미노주오
7-17(千葉県千葉市緑区おゆみ野中央7-1-
7)
전화 043-300-4331
영업시간 10시~18시 30분(월요일~18시) 판
매 완료되면 영업 종료
휴일 화요일, 수요일

56p 크루아상

2003년에 개점하였다. 일본산 밀가루를 비롯하여 안전하고 맛있는 재
료를 사용하고 장시간 숙성 등의 제법으로 만든다. 5살 이하의 아이들
이 많은 신흥주택지에서 '빵맛'을 전도하고 있다.

베이커리 카페 므슈 이방 · ベーカリーカフェ ムッシュイワン

주소 도쿄도 다치카와시 와카바초 1-7-1 와카
바케야키몰 내(東京都立川市若葉町1-7-1
若葉ケヤキモール内)
전화 042-538-7233
영업시간 8시~18시
휴일 연중무휴
www.ivan.shop-site.jp

100p 맷돌 크루아상

유명 호텔 베이커리에서 오랫동안 활동한 오구라 셰프가 전통적인 제
빵법을 전승하면서도 시대에 맞는 오리지널 빵을 만들고 있다. 넓은 가
게 안에는 카페도 함께 있다.

봉 비방 · Bon Vivant

주소 가나가와현 요코하마시 아오바구 아오바
다이 1-32-2(神奈川県横浜市青葉区青葉台
1-32-2)
전화 045-983-5554
영업시간 7시 30분~19시
휴일 월요일

60p 크루아상

요코하마·아오바다이 주택가에 있으며, 하루 약 500명이 올 정도로 인
기가 많다. 화덕을 이미지화한 가게 안에는 하드계열 빵부터 아이를 위
한 빵까지, 80가지의 상품이 있다.

불 뵈르 불랑주리 · Boule Beurre Boulangerie

주소 도쿄도 하치오지시 요코야마초 16-5(東
京都八王子市橫山町 16-5)
전화 042-626-8806
영업시간 10시~19시
휴일 첫째·셋째·다섯째 주 월요일
http://boule-beurre.com/sp

40p 불 뵈르

다른 업종에서 전향한 셰프가 2006년에 개점하였다. 오픈 전부터 가게
앞에는 매일같이 사람들이 줄을 서고 오후 3시 전에 완판될 정도로 인
기가 많다. 하드계열 빵에 주력하고 있다.

불랑주리 루크 · Boulangerie Rauk

주소 교토부 교토시 시모교구 사이도인도리 시치조아가루 후쿠모토초 422-2(京都府京都市下京区西洞院通七条上ル福本町422-2)
전화 075-361-6789
영업시간 7시~18시 30분
휴일 목요일
http://rauk.okoshi-yasu.com/

108p 크루아상 파리지앵

확실한 제빵기술을 토대로, 아이디어가 빛나는 오리지널빵을 선사한다. 교토만의 식재료를 테마로 하여 만든 빵도 많다. 아오이바시에 지점이 있으며, 사서 바로 먹을 수 있는 공간도 마련되어 있다.

불랑주리 르보와 · Boulangerie Lebois

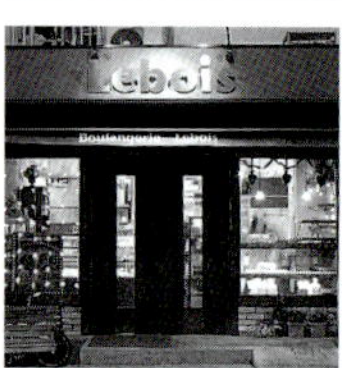

주소 도쿄도 나카노구 야요이초 2-52-4(東京都中野区弥生町2-52-4)
전화 03-3229-8015
영업시간 9시~19시
휴일 월요일, 화요일(공휴일이면 영업)
www.boulangerielebois.com

52p 크루아상

18종류의 생지로 60가지 빵을 만든다. 하드계열의 빵을 제외하고는 전체적으로 단맛이 강하다. 모든 빵이 입안에서 사르르 녹는 듯한 느낌을 가진다. 본고장인 프랑스의 맛을 전하고 있다.

불랑주리 르 피아주 · Boulangerie le feuillage

주소 오사카부 오사카시 주오구 히라노초 2-2-4 코스믹빌딩 1F(大阪府大阪市中央区内平野町2-2-4 コスミックビル1F)
전화 06-6910-6162
영업시간 8시~19시
휴일 일요일, 공휴일, 첫째·셋째·다섯째 주 월요일

144p 크루아상 오 르뱅

오피스가와 주택가가 공존하는 오사카·텐마바시 지역에 2006년 2월에 개점하였다. 프랑스의 정통 하드계열의 빵과 르뱅, 쌀누룩 등의 자가 배양효모로 만든 빵에 주력하고 있다.

불랑주리 브누아통 · Boulangerie Benoiton

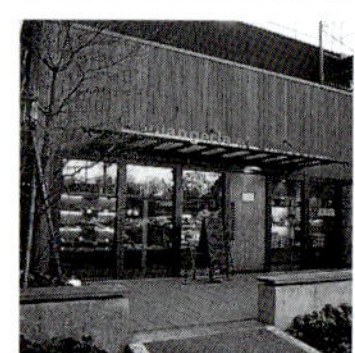

주소 가나가와현 이세하라시 이타도 645-5(神奈川県伊勢原市板戸 645-5)
전화 0463-91-6710
영업시간 평일 10시~18시
휴일 화요일(그 외에 비정기적)

16p 크루아상 앤티크

맷돌로 자가제분한 일본산 밀가루와 특산품을 사용하여, '손님에게 정직한 빵'을 제공하고 있다. 다카하시 사치오 오너 셰프는 하코네유모토의 '아시가라바쿠진 무기시(足柄麦神 麦師)'에서도 활약한 바 있다.

불랑주리 브레 방트 · BOULANGIE Bré-Vant

주소 아이치현 나고야시 덴파쿠구 모토야고토 5-93(愛知県名古屋市天白区元八事5-93)
전화 052-836-0237
영업시간 8시~19시 30분
휴일 일요일, 셋째 주 월요일

96p 크루아상

인기 절정의 크림빵, 와인에 어울리는 빵 등 아이부터 어른까지 '또 먹고 싶은 빵'이라는 생각이 들게 하는 빵을 목표로 한다. 손님들로부터 좋은 평가를 얻고 있으며, 쇼와구에도 가게가 있다.

불랑주리 셀 오 블레 · Boulangerie Sel eau ble

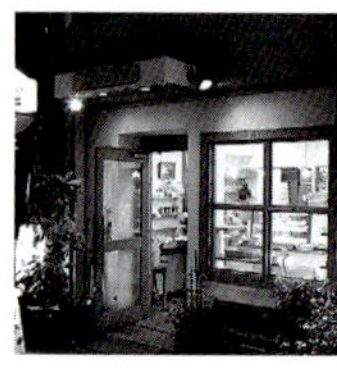

주소 도쿄도 시나가와구 고야마 3-22-21(東京都品川区小山3-22-21)
전화 03-3783-1194
영업시간 10시~20시
휴일 화요일, 셋째 주 수요일
www016.upp.so-net.ne.jp/Seleauble

72p 크루아상

무시고야마 파르무 상점가에서 약간 들어간, 인파가 많은 곳에 2006년에 개점하였다. 폭넓은 고객층으로부터 인기를 얻고 있으며, 하루 200명 이상의 손님이 방문을 한다. 4평 정도의 매장에 80종류의 빵을 선보이고 있다.

불랑주리 아비앙또 · Boulangerie a bientot

주소 오사카부 미노시 마키오치 3-11-2(大阪府箕面市牧落3-11-2)
전화 072-725-8060
영업시간 7시 30분~19시
휴일 월요일

124p 크루아상 오 블레

10년 전부터 하드계열의 빵에 주력하고 있다. 현재, 모모야마다이점을 포함해 2개의 지점을 운영 중이다. 2006년 4월에 이전 오픈한 미노시점은 레스토랑과 함께 먹을 수 있는 장소를 제공하고 있다.

불랑주리 에즈 블루 · Boulangerie eze bleu

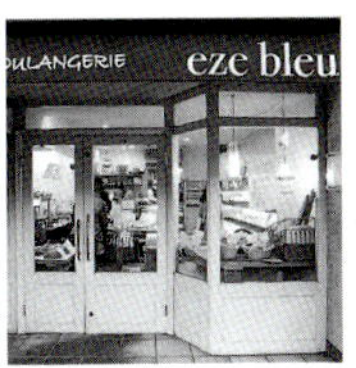

주소 교토부 교토시 가미교구 이마데가와 도리초 니시이리 오하라구치초 212(京都府京都市上京区今出川通寺町西入大原口町212)
전화 075-231-7077
영업시간 7시~19시
휴일 화요일, 셋째 주 월요일

88p 크루아상

본고장다운 프랑스빵에 주력하여, 프랑스제의 돌가마로 굽는다. 토요일, 일요일 한정상품으로, 프랑스 레스퀴르(Lescure)에서 만드는 크루아상 블뢰를 판매하고 있다.

불랑주리 오베르뉴 · ブーランジュリー オヴェルニュ

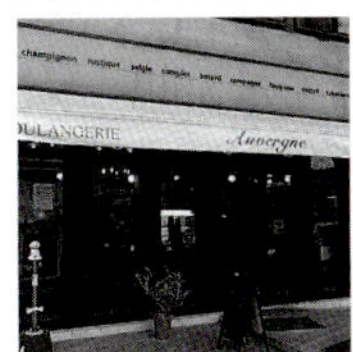

주소 도쿄도 가쓰시카구 다테이시 6-5-7(東京都葛飾区立石6-5-7)
전화 03-3691-5102
영업시간 7시~19시
휴일 연중무휴
http://auvergne.jp/

44p 크루아상

다수의 베이커리 콘테스트 수상경력을 가진 이노우에 셰프가 2003년 도쿄 가쓰시카구에 개점하였다. 정통 하드계열 빵부터 전통 양과자까지, 다양한 상품을 갖춰 지역손님들로부터 인기를 얻고 있다.

불랑주리 이아낙! · Boulangerie IANAK!

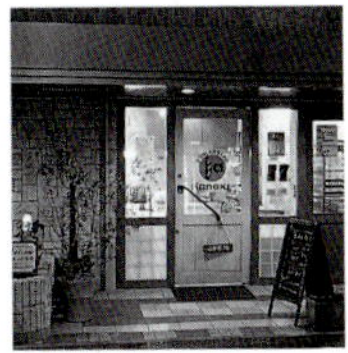

주소 도쿄도 아라카와구 니시닛포리 4-22-11(東京都荒川区西日暮里4-22-11)
전화 03-3822-0015
영업시간 8시 30분~19시
휴일 일요일, 공휴일
www.ianak.com

68p 크루아상

'매일 부담 없이 들를 수 있는 빵집'을 목표로 '빵데코(Panteco)', '메종 카이저(Maison Kayser)' 등에서 일한 경험이 있는 가나이 다카유키 씨가 2006년 개점하였다. 폭넓은 종류의 70가지 빵을 선보이고 있다.

불랑주리 이에나 · Boulangerie IÉNA

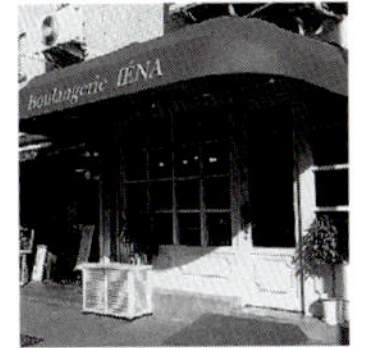

주소 오사카부 오사카시 주오구 다니마치 7-1-39 신다니초 제2빌딩 119호(大阪府大阪市中央区谷町7-1-39新谷町第二ビル1F 119号)
전화 06-4304-1215
영업시간 8시~19시
휴일 일요일, 공휴일

76p 크루아상

베이스가 되는 생지의 맛을 중요시하는 '이에나'. 아이템 수는 60종류 정도로 빵집이 많은 지역에 있지만 항상 손님으로 붐빈다. 하드계열의 빵도 인기가 많다.

불랑주리 탕드르망 · Boulangerie TENDREMENT

주소 후쿠오카현 후쿠오카시 조난구 자야마 4-14-15(福岡県福岡市城南区茶山 4-14-15)
전화 092-873-1745
영업시간 8시~19시
휴일 첫째·셋째 주 일요일, 둘째·넷째 주 화요일

136p 크루아상

잡곡빵부터 독일빵 등 하드계열의 빵까지 다양한 종류를 제공하고 있다. 과자 느낌이 나도록 응용하여 만든 화려한 대니시와 여러 종류의 샌드위치도 인기가 많다. 2004년에 개점하였다.

불랑주리 파피 빵 · ブランジェリー ぱぴ・ぱん

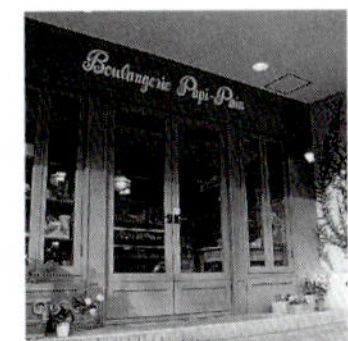

주소 아이치현 나고야시 덴파쿠구 우에다 3-1209-1 산테라스타카기 1층(愛知県名古屋市天白区植田3 - 1209-1 サンテラスタカギ1F)
전화 052-808-7539
영업시간 8시~19시
휴일 일요일, 격주 월요일
www.papi-pain.jp

120p 크루아상

대면판매하며 프랑스의 작은 빵집이 연상된다. 보는 것만으로도 사랑스러운 빵들을 굽자마자 판매하고 있다. 매일매일 다른 샌드위치도 호평을 받고 있다.

불랑주리 푸 부 · boulangerie pour vous [폐업]

주소 도쿄도 시부야구 우에하라 1-22-2 요시미1층(東京都渋谷区上原1-22-2良美ビル1F)
전화 03-5465-2333
영업시간 9시~19시(일요일·공휴일 9시~18시)
휴일 수요일, 셋째 주 화요일

112p 크루아상

요요기 우에하라의 상점가에 위치한다. '당신을 위한'이라는 의미의 가게 이름대로, 지역주민의 니즈에 맞춰 빵을 직접 만들고 있다. 4평 남짓한 작은 공간이지만 매일 약 100종류의 빵이 빽빽하게 진열된다.

브로트랜드 · BROTLAND

주소 도쿄도 시부야구 우에하라 2-30-5 CAFE SO 1층(東京都渋谷区上原2-30-5 CAFE SO 1F)
전화 03-5453-1010
영업시간 10시~19시
휴일 월요일
www.cafe-so.com/BROTLAND/BROTLAND.html

80p 크루아상

베이커리와 카페&라운지 등, 음식점이 모여 있는 '갤러리 SO' 안에 있다. 항상 손님이 많아 언제나 30종류 정도를 준비한다. 특히 과자류의 인기가 많다.

쉐 사가라 · CHEZ SAGARA

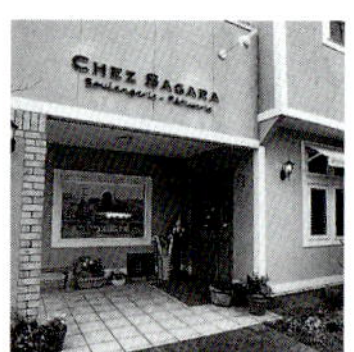

주소 후쿠오카현 구루메시 다누시마루초 마스오다 873-12(福岡県久留米市田主丸町益生田 873-12)
전화 0943-73-3680
영업시간 8시~18시(일요일, 공휴일은 10시~18시)
휴일 화요일, 수요일
www.chez-sagara.com

132p 크루아상

'디저트 전문점 미레위', '트랑블' 등에서 경험을 쌓은 사가라 셰프가 자연으로 둘러싸인 다누시마루에서 2003년에 개점하였다. 기본을 중시하며 빵을 먹고 손님들이 미소를 띨 수 있도록 노력하여 만들고 있다.

아코앙 · あこ庵

주소 도쿄도 하치오지시 나카노카미초 2-25-16(東京都八王子市中野上町2-25-16)
전화 042-634-8600
영업시간 11시~16시
휴일 월요일, 목요일, 일요일
www.ako-tennenkoubo.com

140p 스위트 크루아상 25

제빵 전문가들도 애용하는 '아코 천연효모'를 제조·판매하는 '(유)아코 천연효모'의 안테나숍 베이커리이다. 첨가물은 일절 사용하지 않고, 재료 맛을 살려 만든 빵들을 선보인다.

팡 피존 · Pain Pigeon

주소 사이타마현 가와구치시 사토 1245-1(埼玉県川口市里1245-1)
전화 048-287-1050
영업시간 7시 30분~19시
휴일 일요일, 둘째 주 화요일

32p 크루아상

2003년에 개점하였다. 100종류의 빵을 제공하며, 두 가지 커스터드크림을 듬뿍 넣은 '크림빵'이 최고 인기 상품이다. 하치무라 오너 셰프는 강사로도 맹활약 중이다.

팡듀스 · PAINDUCE

주소 오사카부 오사카시 주오구 아와지초 4-3-1 FOBOS빌딩 1층(大阪府大阪市中央区淡路町4-3-1 FOBOSビル 1F)
전화 06-6205-7720
영업시간 8시~19시(토요일, 공휴일은 18시까지)
휴일 일요일
www.painduce.com

24p 크루아상

생지 맛이 잘 표현된 식사빵부터 제철재료를 활용한 독창적인 조리빵, 과자빵까지 폭넓은 상품을 선보여 인기가 많다. 2008년 5월 30일에는 요도야바시에 2호점을 개점하였다.

아르티장 불랑제 알폰소 · ARTISAN BOULANGER ALFONSO

주소 오사카부 이케다시 우에이케다 1-1-24(大阪府池田市上池田1-1-24)
전화 0727-53-4654
영업시간 7시 30분~19시 30분
휴일 일요일, 둘째 주 월요일

116p 크루아상 오 불레

서양요리 셰프 출신의 오너는 '요리에 잘 어울리는 빵'을 만들기 위해 가게를 시작하였다. 지금도 산형식빵은 자랑거리이며, 필링과 크림도 직접 만들어 사용한다. 샌드위치와 조리빵의 평가가 좋다.

티그레 · ティグレ

주소 도쿄도 세타가야구 시모마 6-20-4(東京都世田谷区下馬6-20-4)
전화 03-3414-5269
영업시간 9시~20시
휴일 화요일, 셋째 주 수요일

36p 크루아상

가게 이름은 스페인어로 '호랑이'라는 의미이다. 손님과의 대화를 중시하여 대면판매를 한다. 지역밀착형을 목표로 2007년에 개점하였다. 80종류의 다양한 빵을 선보이고 있다.

후지산 용암가마에 구운 season factory 팡노미 · パンの美

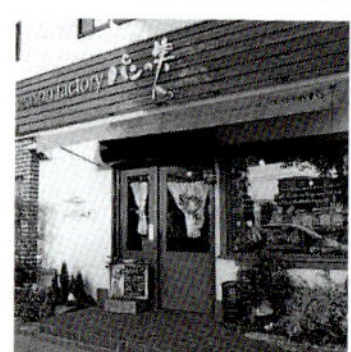

주소 효고현 니시노미야시 고소네마치 3-8-24(兵庫県西宮市小曽根町3-8-24)
전화 0798-47-8787
영업시간 평일 9시~19시, 토요일·일요일·공휴일 8시~19시
휴일 월요일, 화요일
www.pannomi.jp

92p 크루아상

니시노미야시의 후지산 용암가마를 도입하였다. 일본산 밀과 지역채소를 비롯하여 안전한 식재료를 사용하여 만든 190종류의 빵을 선보인다. 공기 정화를 위해 실내, 주방, 창고 벽에 숯을 넣어두었다.

푸르쿠아 · POURQUOI

주소 가나가와현 후지사와시 쓰지도 모토마치 4-17-11(神奈川県藤沢市辻堂元町 4-17-11)
전화 0466-33-3676
영업시간 8시~18시
휴일 월요일, 그 외 비정기적
http://baking.co.jp/

84p 크루아상

창업자인 아버지로부터 가게를 물려받아 도쿄에서 13년 운영한 후, 2006년 6월에 가나가와현 쓰지도로 이전하였다. 크루아상 외에도 맷돌로 구운 피자나 베이글 등도 인기가 많다.

✕

Special Page 02

크루아상
밀가루 가이드

✕

크루아상에 알맞은 밀가루를 제분회사별로 소개한다.
밀가루의 간단한 특징 및 회분과 단백 수치를 기입해두었으니,
크루아상을 만들 때 참고하도록 한다.

• 상품 정보는 2008년 4월 기준이다. 자세한 내용은 각 제분회사에 문의하도록 한다.

가라키다제분주식회사
(柄木田製粉株式会社)

주소 나가노현 나가노시 시노노이아이 30-2(長野県長野市篠ノ井会30-2)
전화 026-292-0890
팩스 026-293-2206
www.karakida.co.jp

후란스

특징 밀가루의 향과 맛이 돋보이는 정통 프랑스빵 전용 밀가루. 크루아상용으로도 최적이다.
성분 회분 : 0.42%, 조단백 : 12.0%

유메시라네

특징 나가노현산 밀 100%를 맷돌로 간 밀가루이다. 정통 크루아상용으로도 최적이다.
성분 회분 : 0.60%, 조단백 : 10.2%

(특)라인골드

특징 강력분에 나가노현산 밀을 맷돌로 갈아서 블렌딩한 상품. 맷돌 밀가루 특유의 맛과 풍미를 살릴 수 있다.
성분 회분 : 0.48%, 조단백 : 11.5%

가사하라산업주식회사
(笠原産業株式会社) 영업그룹

주소 도치기현 아시카가시 후쿠이초 819(栃木県足利市福居町819)
전화 0284-71-3181
팩스 0284-72-5641
www.kasa-kona.co.jp

골든메이플

특징 가사하라산업주식회사의 대표적인 제빵용 밀가루. 결이 고운 빵을 만들 수 있다.
성분 회분 : 0.36%, 단백질 : 12.3%

임페리얼

특징 풍부한 풍미를 가지며 가벼운 식감이 돋보이는 고급 제빵용 밀가루이다.
성분 회분 : 0.38%, 단백질 : 12.2%

다마이즈미 SP

특징 도치기현산 밀 '다마이즈미' 100%로 만든 밀가루이다. 기존의 일본산 밀에 비해, 단백질이 매우 많고 일본산 밀 특유의 맛과 풍미가 있다.
성분 회분 : 0.36%, 단백질 : 11.2%

구마모토제분주식회사
(熊本製粉株式会社)

주소 구마모토현 구마모토시 니시구 하나조노 1초메 25-1(熊本県熊本市西区花園1丁目25-1)
전화 096-355-1223
팩스 096-355-1264
www.bears-k.co.jp

[GRAIND'OR] 무르 드 피에르

특징 프랑스산 밀을 메인으로 하고 독자적인 배합으로 블렌딩하여 맷돌로 빻은 밀가루. 바삭한 겉과 씹는 느낌이 좋은 속을 만들며, 특유의 향기로운 풍미를 가진다.
성분 회분 : 0.55%, 단백질 : 10.5%

[GRAIND'OR] 맷돌 밀가루 CJ-15

특징 구마모토산 전립 타입의 맷돌로 빻은 밀가루. 배유부는 곱게 갈아 꺼슬꺼슬함을 줄인다. 외국산 밀보다 가벼운 식감을 가지며 빵에서 과자까지 폭넓게 사용된다.
성분 회분 : 1.3%, 단백질 : 9.0%

[GRAIND'OR] 맷돌 밀가루 KJ-15

특징 구마모토산 강력밀 100%로 만든 맷돌로 빻은 밀가루. 일본산 특유의 쫄깃함과 바삭함을 가지며 종으로 사용하면 더욱 맛이 좋아진다.
성분 회분 : 0.95%, 단백질 : 10.5%

기노시타제분주식회사
（木下製粉株式会社）

주소 가가와현 사카이데시 다카야초 1086-1(香川県坂出市高屋町1086-1)
전화 0877-47-0811
팩스 0877-47-3660
www.flour.co.jp

세이류

특징 소규모 제분의 장점을 살린 맷돌로 빻은 밀가루이다. 갓 제분한 밀로 빵을 구우면, 부드럽게 부풀고 풍미가 풍부하면서도 바삭한 크루아상을 만들 수 있다.
성분 회분 : 0.36%, 조단백 : 10.5%

기다제분주식회사
（木田製粉株式会社）

주소 삿포로시 기타구 시노로6조 7초메 2-28 (札幌市北区篠路6条7丁目2-28)
전화 011-773-7777
팩스 011-771-9789
www.kidaseifun.co.jp

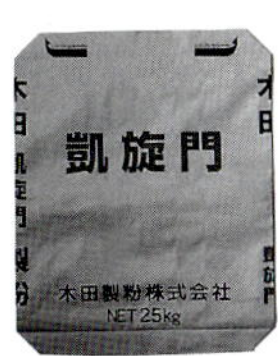

가이센몬

특징 엄선한 밀과 절묘한 배합으로 풍부한 풍미를 자아낸다. 겉은 바삭하고 속은 촉촉하며 쫄깃한 식감을 만든다. 흡수성이 좋아 다루기 좋고, 생지가 빨리 만들어져 믹싱 시간이 단축된다.
성분 회분 : 0.43%, 조단백 : 11.7%

하루에조

특징 홋카이도산 밀을 사용. 제빵용으로 최적인 봄밀을 사용하는데, 홋카이도산 밀의 특징인 점탄성과 부드러움을 살리기 위해 가을밀을 블렌딩했다. 작업성이 좋고 향도 풍부하다.
성분 회분 : 0.45%, 조단백 : 10.5%

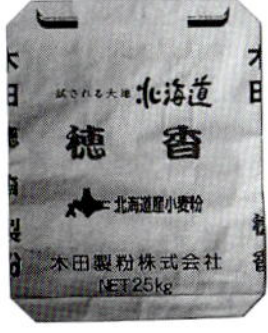

기타노가오리

특징 홋카이도산의 가을밀인 '기타노가오리'로 만든 밀가루로, 밀의 중심부분부터 바깥쪽까지 폭넓게 함유되어 있어 영양가도 높다. 적당히 쫄깃하고 단단하며 입안에서 잘 녹고 볼륨감 있는 빵을 만들 수 있다.
성분 회분 : 0.48%, 조단백 : 11.5%

닛신제분주식회사
（日清製粉株式会社）
영업본부 제1영업부

주소 도쿄도 지요다구 간다니시키초 1초메 25번지(東京都千代田区神田錦町1丁目25番地)
전화 03-5282-6360
팩스 03-5282-6137
www.nisshin.com

세이버리

특징 밀 고유의 풍미를 즐기는 식빵에 알맞은 밀가루이다. 반죽이 잘 뭉쳐지고 매끄러워서, 발효종과 버터 등 부재료를 넣는 빵에 잘 어울린다. 크루아상에 배합용 강력분으로 사용한다.
성분 회분 : 0.43%, 조단백 : 12.7%

리스도르

특징 닛신제분주식회사를 대표하는 프랑스빵 전용 밀가루로 단품으로 크루아상을 만들 수 있으며, 세련된 맛이 큰 장점이다. 밀가루를 배합하여 사용할 경우, 세이버리 등 단백질 함량이 많은 밀가루를 추천한다.
성분 회분 : 0.45%, 조단백 : 10.7%

메종 카이저 트래디셔널

특징 정통 프랑스빵에 최적인 밀가루이다. 고소한 향과 은은한 밀의 감칠맛이 돋보인다. 크루아상에는 세이버리 등 단백질 함량이 많은 밀가루와 배합하여 사용하도록 한다.
성분 회분 : 0.43%, 조단백 : 11.6%

닛코쿠제분주식회사
(日穀製粉株式会社) 영업본부

주소 나가노현 나가노시 미나미치토세 1초메 16
번지 2(長野県長野市南千歳一丁目16番地2)
전화 026-228-4157
팩스 026-228-9126
www.nikkoku.co.jp

(특)긴료쿠

특징 겉은 바삭하고 가벼우며, 속은 입안에서
잘 녹는 식감으로 완성된다. 단백이 약간 적어
퍼짐성이 좋으므로 홈베이킹에 추천한다.
성분 회분 : 0.39%, 조단백 : 9.8%

긴료쿠

특징 겉은 바삭한 식감과 씹는 느낌이 좋고
속은 촉촉하여 식감의 차이를 즐길 수 있다.
성분 회분 : 0.42%, 조단백 : 10.6%

(K)스키

특징 회분이 높아서 농후한 맛을 즐길 수 있
다. 신전성이 우수하며 장시간 발효에 알맞다.
성분 회분 : 0.57%, 조단백 : 9.5%

닛토후지제분주식회사
(日東富士製粉株式会社) 영업제1부

주소 도쿄도 주오구 신카와 1-3-17(東京都中
央区新川1-3-17)
전화 03-3553-8785
팩스 03-3553-7320
www.nittofuji.co.jp

슈발리에

특징 신전성과 작업성이 우수하여 정통 프랑
스빵을 만들 수 있다. 페이스트리 하드롤, 피
자 크러스트에 적격이다.
성분 회분 : 0.42%, 단백질 : 11.0%

하루하야테

특징 내피 100%로 만든 밀가루로, 풍부한
풍미로 밀 고유의 맛이 돋보이는 빵을 만들
수 있다.
성분 회분 : 0.48%, 단백질 : 12.7%

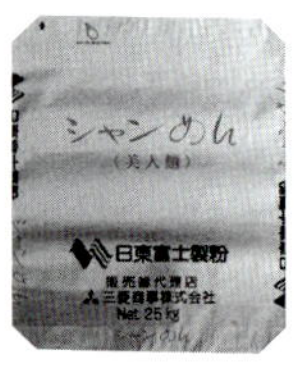

샨멘

특징 작업성이 좋고, 맛과 풍미가 좋은 크루
아상을 만들 수 있다.
성분 회분 : 0.45%, 단백질 : 13.5%

닛폰제분주식회사
(日本製粉株式会社)
제분사업본부제분영업부

주소 도쿄도 시부야구 센다가야 5-27-5(東京都
渋谷区千駄ヶ谷5-27-5)
전화 03-3350-2385
팩스 03-3356-5185
www.nippn.co.jp

슬로브레드 클래식

특징 밀이 밀가루를 거쳐 프랑스빵이 되는
과정을 연구하여 개발한 밀가루이다. 밀 고
유의 짙고 깊은 맛과 풍미를 가지며, 씹으면
씹을수록 단맛이 나는 빵이 된다.
성분 회분 : 0.55% 전후,
단백질 : 11.5% 전후

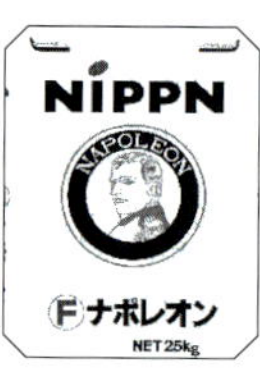

F나폴레옹

특징 밀 고유의 맛과 향을 중시한 프랑스빵
전용 밀가루다. 작업성도 우수하여 대니시
페이스트리에도 이용할 수 있다.
성분 회분 : 0.41%, 단백질 : 11.8%

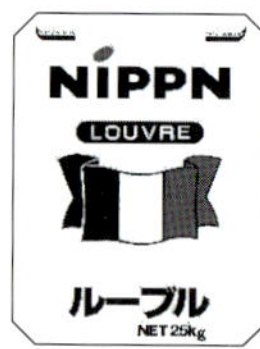

루브루

특징 풍미가 우수하고 속은 윤기 나는 얇은
막과 큰 기포를 가진다.
성분 회분 : 0.41%, 단백질 : 11.8%

다이요제분주식회사
(大陽製粉株式会社)

주소 후쿠오카현 후쿠오카시 주오구 나노쓰 4-2
-22(福岡県福岡市中央区那の津4-2-22)
전화 092-713-1771
팩스 092-781-2527
www.//taiyomil.com/

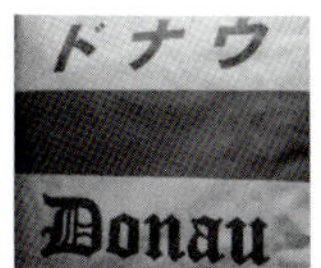

도나우

특징 일본에 첫 도입된 제분기술인 필링가공
으로 만든 밀가루이다. 밀 표면의 얇은 껍질
(밭의 이물질이 붙은 곳)을 제거하여 맛이 잘
살면서도 깨끗함이 유지된다. 틀에 넣지 않고
굽는 빵에 잘 어울린다. 또한 신전성과 바삭
함이 최고인 크루아상을 만들 수 있다.

성분 회분 : 0.62%, 단백질 : 12.1%

다이이치제분주식회사
(第一製粉株式会社)

주소 도쿄도 히가시쿠루메시 신카와마치 1-3-
4(東京都東久留米市新川町1-3-4)
전화 042-471-0034
팩스 042-473-6885

※ 다이이치제분주식회사는 현재 닛토후지제분회사로 폐
합되었습니다.

몽블랑

특징 다이이치제분회사의 독자적인 배합으
로 만든 밀가루로, 구운 색과 풍미가 좋다. 프
랑스빵, 크루아상, 대니시 페이스트리에 최적
이다.

성분 회분 : 0.40%, 단백질 : 11.4%

도리고에제분주식회사
(鳥越製粉株式会社) 영업기획부영업과

주소 후쿠오카시 하카타구 히에마치 5-1(福岡
市博多区比恵町5-1)
전화 092-477-7117
팩스 092-477-7122
www.the-torigoe.co.jp

프랑스

특징 일본의 대표적인 프랑스빵 전용 밀가루
이다. 풍미가 우수하며, 폭신하면서도 바삭한
식감을 갖는다. 동그란 크루아상을 만드는 데
최적이다. 냉동생지용으로도 가능하다.

성분 회분 : 0.44%, 단백질 : 11.9%

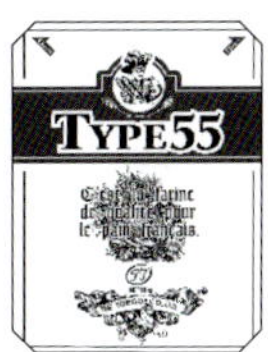

TYPE 55

특징 프랑스산 밀을 사용한다. 프랑스 본고
장의 풍미와 씹는 느낌을 재현한다. 정통 크
루아상에 최적이다.

성분 회분 : 0.55%, 단백질 : 11.4%

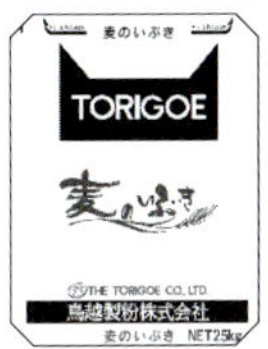

무기노이부키

특징 일본산 밀 100%로 만든 밀가루. 일본산
특유의 은은한 풍미를 가지며 부드러우면서
도 바삭한 식감을 만든다. 고급 크루아상에
최적이다.

성분 회분 : 0.39%, 단백질 : 10.1%

마루신제분주식회사
(丸信製粉株式会社) 영업1과

주소 아이치현 아마군카니에초 니시노모리 7초메 112번지(愛知県海部郡蟹江町西之森7丁目112番地)
전화 0567-95-2147
팩스 0567-95-7688

오베르주

특징 마루신제분주식회사의 독자적인 노하우로 만든 풍미가 돋보이며 씹으면 씹을수록 맛이 나는 밀가루이다. 단백질 함량을 줄여 밀가루의 풍미를 살리고, 정통 프랑스빵같이 겉은 바삭하고 속은 쫄깃한 빵을 만들 수 있다. 오븐 스프링이 잘 일어난다.
성분 회분 : 0.40%±0.01%, 단백질 : 10.7%±0.5%

세코제분주식회사
(瀬古製粉株式会社) 영업부

주소 미에현 욧카이치시 하즈초 21-21(三重県四日市市羽津町21-21)
전화 059-331-2323
팩스 059-333-2424

HS-1

특징 흡수율과 퍼짐성이 좋은 프랑스 전용 밀가루이다. 바삭한 크루아상을 만들 수 있다.
성분 회분 : 0.44%, 단백질 : 11.8%

S링

특징 밀 본래의 풍부한 맛을 지닌 강력분.
성분 회분 : 0.42%, 단백질 : 12.3%

텐바

특징 크루아상이나 대니시 생지의 단백량을 조절할 뿐 아니라, 스펀지케이크부터 양과자까지 폭넓게 사용 가능한 박력분이다.
성분 회분 : 0.36%, 단백질 : 7.5%

쇼와산업주식회사
(昭和産業株式会社) 제분부

주소 도쿄도 지요다구 우치칸다 2-2-1(東京都千代田区内神田2-2-1)
전화 03-3257-2904
팩스 03-3257-2945
www.showa-sangyo.co.jp

F

특징 고급스러운 겉모습, 바삭하고 얇은 크러스트, 노르스름한 색의 속, 촘촘한 기포를 만드는 프리미엄 하드계열 빵 전용 밀가루이다. 흡수성이 높아서 촉촉함과 쫄깃한 식감이 오래 간다. 20kg 포장.
성분 회분 : 0.46%, 단백질 : 10.8%

라 세느

특징 본고장인 프랑스산 밀을 배합하여 향과 풍미를 살린 프랑스빵 전용 밀가루다. 바삭한 겉과, 알맞은 쿠프(칼집), 보기 좋은 색으로 구워진다. 좋은 향을 가지며 입안에서 사르르 녹는다.
성분 회분 : 0.41%, 단백질 : 11.5%

쿠프 드 찬스

특징 대표적인 프랑스빵 전용 밀가루로 오븐 스프링이 잘 일어나며 열이 잘 전달된다. 자연스러운 곡물의 향이 돋보인다. 윤기 있는 노릇한 색의 속을 가진, 맛있는 프랑스빵을 만들 수 있다. 작업성도 우수하다. 25kg 포장.
성분 회분 : 0.42%, 단백질 : 11.3%

아베제분주식회사
(阿部製粉株式会社)

주소 후쿠시마현 고오리야마 히와다마치 도바
2-1(福島県郡山市日和田町道場2-1)
전화 024-958-4157
팩스 024-958-2449
www.abe-mills.com

긴와시에스

특징 풍미가 풍부하고 색이 고우며, 식감이
좋고 입안에서 잘 녹는 제빵용 밀가루이다.
성분 회분 : 0.41%, 단백질 : 12%

몽블랑

특징 작업성이 좋고, 풍미와 바삭한 식감의
밸런스가 좋은 제빵용 밀가루이다.
성분 회분 : 0.39%, 단백질 : 10.6%

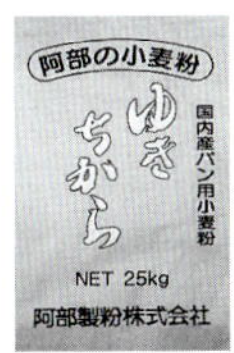

유키치카라 제빵용

특징 일본산 밀 '유키치카라'를 100% 원료
로 한 일본산 제빵용 밀가루. 일본산 밀가루
지만 글루텐 양이 많아 제빵용으로 적합하
다. 아베제분회사의 독자적인 기술로 제분한
밀가루로, 쫄깃한 식감과 풍부한 풍미가 특징
이다.
성분 회분 : 0.48%, 단백질 : 11%

아사히제분주식회사
(旭製粉株式会社)

주소 나라현 사쿠라이시 우에노미야 67-2(奈良
県桜井市上之宮67-2)
전화 0744-42-2971
팩스 0744-45-4569
www.konaya.biz

샤르트르(Chartres)

특징 파리로부터 남서쪽으로 100km 떨어
진, 샤르트르 근교의 밀을 수입. 프랑스와 같
은 풍미를 살려 빻은 제품으로, 프랑스빵과
구움과자에 잘 어울린다.
성분 회분 : 0.55%, 단백질 : 10.0%
(산지한정 밀이므로, 수입된 시기에 따라 품
질 및 분석치가 약간씩 다를 수 있다.)

에베쓰제분주식회사
(江別製粉株式会社)

주소 홋카이도 에베쓰시 미도리마치 히가시3초
메 91번지(北海道江別市緑町東3丁目91番地)
전화 011-383-2311
팩스 011-383-2315
http://haruyutaka.com

하루유타카 블렌드

특징 수확량이 많지 않은 '하루유타카'를 초
겨울에 씨를 뿌려 안정된 품질과 수확량을
얻게 되었다. 산지의 이해와 협력으로 만들어
진 하루유타카로 만든 제빵용 밀가루이다. 하
루유타카 특유의 단맛과 쫄깃함이 돋보인다.
성분 회분 : 0.45%, 단백질 : 10.9%

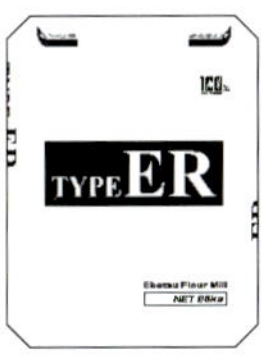

TYPE ER

특징 밀의 향을 최대한 살린 하드계열 빵 전
용분이다. 프랑스빵 전용 밀가루를 참고하여
향과 맛이 돋보이는 'TYPE 65'에 가깝도록
개발하였다. 단품으로 사용하는 것은 물론,
다른 밀가루와 섞어서 사용하면 은은한 향과
깊은 맛의 빵을 완성할 수 있다.
성분 회분 : 0.68%, 단백질 : 11.3%

OPERA

특징 맛, 향, 취급용이성, 가격의 최고 밸런스
를 추구하여 만든 밀가루. 하루유타카, 하루
요코이도 배합하기 때문에 강력한 힘을 가진
다. 색보다, 맛과 향이 강한 밀을 우선적으로
사용한다.
성분 회분 : 0.53%, 단백질 : 10.8%

오다조제분주식회사
(小田像製粉株式会社) 영업부

주소 오카야마현 구라시키시 고지마시오나스 2767-68(岡山県倉敷市児島塩生2767-68)
전화 086-475-2211
팩스 086-475-2213
www.odazo.jp
s-oda@odazo.jp

뇌프 방테

특징 크리스피·크러스티 롤 전용 밀가루이다. 고급 프랑스빵 전용 밀가루 뇌프 방테와 신선한 버터를 조합하면 깊은 맛의 크루아상을 만들 수 있다.
성분 회분 : 0.38%, 단백질 : 10.8%

파리나

특징 강력분에 가까운 프랑스빵 전용 밀가루이다. 프랑스빵, 크루아상, 스위트롤 등 다양한 메뉴에 사용 가능하다. 여러 사람이 좋아하는 맛의 크루아상을 만들 수 있다.
성분 회분 : 0.39%, 단백질 : 12.8%

뫼니에 TYPE 65

특징 프랑스 밀 사용. 각종 하드계열 빵과 크루아상에 알맞다. 크루아상을 만들 때 파리나와 뇌프 방테를 배합하여 사용해도 좋다.
성분 회분 : 0.57±0.06%,
　　　　단백질 : 9.7±0.8%

오쿠모토제분주식회사
(奥本製粉株式会社) 도쿄본사

주소 도쿄도 고토구 도미오카 2-2-11(東京都江東区富岡2-2-11)
전화 03-5639-0981
팩스 03-5639-0982
www.om-group.co.jp
info@om-group.co.jp

라 트래디션 프랑세즈

특징 최고급 프랑스산 밀가루이다. 풍미가 풍부하며 겉은 바삭, 속은 촉촉하고 입안에서 사르르 녹는 크루아상을 만들 수 있다. 규격은 25kg, 10kg, 1kg의 3종류가 있고, 1kg은 상자에 담겨 있다.
성분 회분 : 0.55%, 단백질 : 11.0%

세잔느

특징 유럽풍 식사빵에 알맞은 밀가루이다. 신전성과 작업성이 우수하며, 풍미와 씹는 느낌이 좋고 입안에서 잘 녹는 크루아상을 만들 수 있다.
성분 회분 : 0.38%, 단백질 : 11.5%

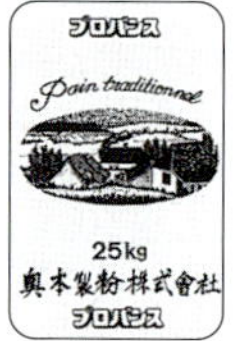

프로방스

특징 정통 유럽풍 제빵용 밀가루이다. 바삭하고 씹는 느낌이 좋으며, 입안에서 잘 녹는 크루아상을 만들 수 있다. 유럽 스타일의 대니시에도 알맞다.
성분 회분 : 0.45%, 단백질 : 11.5%

요시하라식량주식회사
(吉原食糧株式会社)

주소 가가와현 사카이데시 하야시다초 4285-152(香川県坂出市林田町4285-152)
전화 0877-47-2030
팩스 0877-47-1910
www.flour-net.com

F오픈(내용량 : 25kg)

특징 원료는 캐나다산 밀을 주로 사용한다. 부드럽고 쫄깃한 식감을 가지며 식사빵, 식사롤에 적합하다. 밝은 색과 고운 결의 속, 가벼운 식감의 겉을 만들 수 있는 요시하라식량주식회사의 최고 강력밀가루이다.
성분 회분 : 0.37%, 조단백 : 12.1%

사누키노유메2000 맷돌 밀가루
(내용량 : 1kg, 10kg)

특징 요시하라식량주식회사의 제품인 '사누키노유메2000'을 맷돌로 간 세계 유일의 밀가루이다. 롤러로 갈 때와 다르게 밀의 풍미가 돋보인다. 섬유질, 미네랄 성분이 풍부하고 특유의 쫄깃함과 감칠맛, 풍미를 가진다.
성분 회분 : 0.7% 정도, 조단백 : 8.9% 정도

(특)베이커(내용량 : 25kg)

특징 탄력 있는 생지를 만들 수 있고, 탄탄하고 고운 색을 가져 응용빵, 소프트하드 계열 빵에 적합한 강력분이다. 또한, 특유의 풍미를 가지며, 스탠다드한 식감이지만 약간 다른 탄력감을 얻을 수 있다.
성분 회분 : 0.40%, 조단백 : 11.9%

요코야마제분주식회사
(橫山製粉株式會社)

주소 홋카이도 삿포로시 이로이시구 헤이와도리
5초메 미나미 2번 1호(北海道札幌市白石区平
和通5丁目南2番1号)
전화 011-864-2222
팩스 011-864-2220
www.y-fm.co.jp

에조시카

특징 빵 생지의 신전성이 우수하고, 씹는 느
낌이 좋으며 소프트한 빵을 만들 수 있다.
성분 회분 : 0.46%, 조단백 : 10.8%

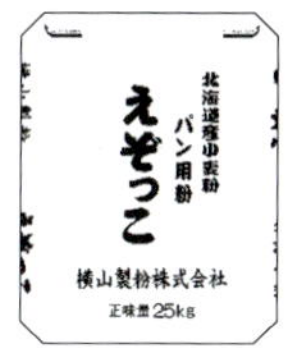

에조코

특징 풍미가 풍부한 하드롤이나 소프트한 식
감의 식빵을 만들 수 있다.
성분 회분 : 0.43%, 조단백 : 11.0%

로열스톤 SpringA

특징 통밀가루 타입으로 미네랄과 식물성 섬
유질이 많아 영양가가 우수하다. 천천히 빻아
밀의 풍미를 최대한으로 살렸다. 다른 밀가루
에 넣으면 개성 넘치는 빵을 만들 수 있다.
성분 회분 : 1.60%, 조단백 : 13.0%

주식회사마스다제분소
(株式会社增田製粉所) 개발연구그룹

주소 효고현 고베시 나가타구 우메가카초 1-1-
10(兵庫県神戸市長田区梅ケ香町1-1-10)
전화 078-681-6707
팩스 078-681-6710
www.masufun.co.jp

캐나다100

특징 세계에서 가장 정평이 나 있는 캐나다
산 강력밀 100%로 만든 제빵용 밀가루이다.
제빵성이 우수하며, 크루아상에 사용하면 오
븐 스프링도 잘 일어나고 바삭한 겉, 촉촉한
속, 적당한 씹는 느낌을 가진다.
성분 회분 : 0.38%, 조단백 : 13.2%

F피나클

특징 'TYPE 55' 계열의 유럽빵 전용 밀가루
로 탄력성과 신전성의 밸런스가 좋고, 제빵용
밀과 함께 사용하면 보기 좋은 층을 만들 수
있다. 열이 잘 전달되고, 바삭한 겉과 입안에
서 잘 녹는 빵을 만들 수 있다.
성분 회분 : 0.55%, 조단백 : 12.0%

아모레

특징 파트 사브레나 파트 퐁세에 적합한 입
자가 굵은 제과용 밀가루이다. 제빵용 밀과
블렌딩하여 크루아상에 사용할 수 있으며, 바
삭한 식감과 입안에서 잘 녹는 빵을 만들 수
있다. 버터향을 잘 돋보이게 해준다.
성분 회분 : 0.35%, 조단백 : 8.5%

지바제분주식회사
(千葉製粉株式會社)

주소 지바현 지바시 미하마구 신미나토 17번지
(千葉県千葉市美浜区新港17番地)
전화 043-241-0111(대표)
팩스 043-241-0218(영업)
www.chiba-seifun.co.jp

하나조 에트와르

특징 정통 프랑스빵 전용 밀가루. 만능으로
사용되며 바삭한 겉을 만들 수 있다. 밀가루
의 맛과 향이 살아 있다.
성분 회분 : 0.41%, 조단백 : 11.6%

하나조 룬

특징 얇고 바삭한 겉과 훌륭한 볼륨감을 만
들 수 있는 하드롤 전용분이다. 작업성이 좋
으며 냉동생지의 내성도 우수하다.
성분 회분 : 0.42%, 조단백 : 11.6%

하나조 브리언스

특징 프랑스 밀의 우수한 산지로 알려진 보
스(Beauce) 평야의 밀을 엄선하고, 그 우수
함을 최대한 살린 밀가루. 본고장이 가지는
황금색과 깊은 향, 맛을 낸다. 비에누아즈리
에도 적격이다. 포장도 사용하기 좋은 10kg
이다.
성분 회분 : 0.42%, 조단백 : 9.5%

호시노물산주식회사

（星野物産株式会社） 제1영업부

주소 군마현 미도리시 오마마초 2458-2(群馬県みどり市大間々町2458-2)
전화 0277-73-3333
팩스 0277-73-5283
www.hoshinet.co.jp

호테이식량주식회사

（布袋食糧株式会社） 제분부

주소 아이치현 고난시 고묘초 아오키 375(愛知県江南市五明町青木375)
전화 0587-55-1181
팩스 0587-55-3384
www.hotey.co.jp

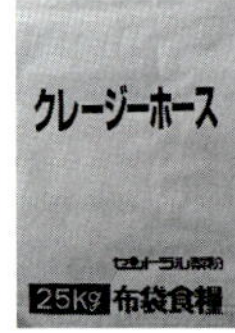

마이크로블랑믹스GR 10kg

특징 외피를 밀가루 입자와 같은 크기로 분쇄한 마이크로블랑을 고급 제빵용 밀에 블렌딩하였다. 식물성 식이섬유와 미네랄이 풍부하며 전립분과 달리 매끈하고 입안에서 잘 녹는다. 밀 고유의 풍미와 맛을 발휘한다.
성분 회분 : 0.9%, 단백질 : 12.5%

크레이지호스

특징 밀가루 고유의 풍미와 고소함을 즐길 수 있는 프랑스빵 전용 밀가루. 원료로 아이치산 밀을 사용한다. 겉은 바삭하고 속은 쫄깃한 식감을 만든다.
성분 회분 : 0.43%, 단백질 : 11.9%

아카마루보시 25kg

특징 흡수성이 높고 작업성이 좋은 정통 고급 제빵용 밀이다. 밀의 풍미가 강한 부위를 많이 포함하여, 풍미가 풍부한 제품으로 완성된다.
성분 회분 : 0.46%, 단백질 : 12.9%

슈퍼호텔 25kg

특징 흡수성이 높으며 생지가 잘 뭉쳐진다. 끈적임이 적고 신전성도 우수하다. 볼륨감이 풍부하고 부드러워 입안에서 잘 녹는 빵이 만들어진다. 냉장냉동 내성이 우수하다.
성분 회분 : 0.42%, 단백질 : 13.5%

다카나시유업주식회사
(タカナシ乳業株式会社)
업무용영업추진G

주소 가나가와현 요코하마시 나카구 사쿠라기초 닛세키요코하마빌딩 8층(神奈川県横浜市中区桜木町 日石横浜ビル8F)
전화 045-680-2931
팩스 045-680-2932
www.takanashi-milk.co.jp

리본식품주식회사
(リボン食品株式会社) 업무과

주소 오사카부 오사카시 요도가와구 미쓰야미나미 3-15-28(大阪府大阪市淀川区三津屋南3-15-28)
전화 06-6301-6827
팩스 06-6301-6830
www.ribbonf.co.jp

요츠바유업주식회사
(よつ葉乳業株式会社) 도쿄지점

주소 도쿄도 주오구 니혼바시 코덴마초 11번 9호 스미토모생명 코덴마초빌딩 4층(東京都中央区日本橋小伝馬町11番9号住友生命小伝馬町ビル4階)
전화 03-5640-4280
팩스 03-5640-2817
www.yotsuba.co.jp

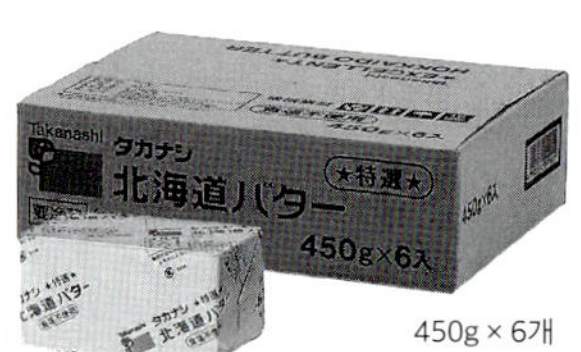

450g × 6개

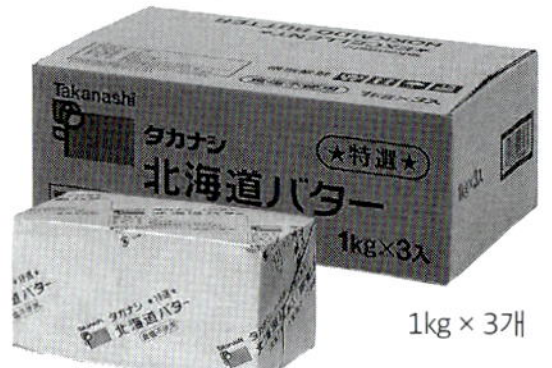

1kg × 3개

다카나시 특선 홋카이도버터

특징 홋카이도의 질 좋은 우유로 만든 우수한 맛의 버터이다. 냉동하지 않고 저온 상태로 유통하므로, 구운 후의 풍부한 풍미, 버터 본연의 감칠맛, 신선한 향이 돋보인다.
성분 유지방분 : 82.0% 이상, 수분 : 16.0% 이하
용량과 단위 450g×6개, 450g×30개, 1kg×3개

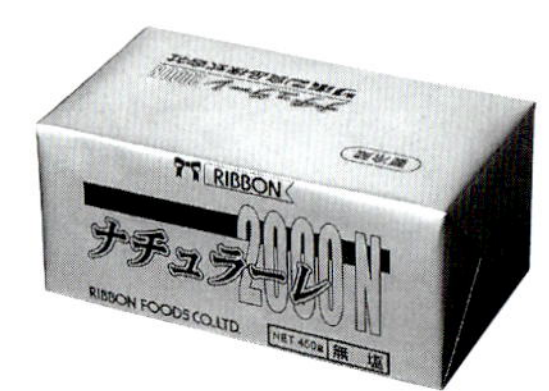

내추럴 2000N

특징 무첨가 제품으로 안전하다. 유화제나 향료를 사용하지 않는다. 버터와 생크림의 오리지널 배합으로 맛과 풍미가 우수한 고품질. 버터와 궁합이 좋으며 다른 브랜드와 함께 사용하기 좋다.
성분 유지방분 : 50.6%,
식물성지방분 : 31.9%, 무지방고형분 : 1.5%
용량과 단위 450g
단위는 업무과에 문의하도록 한다.

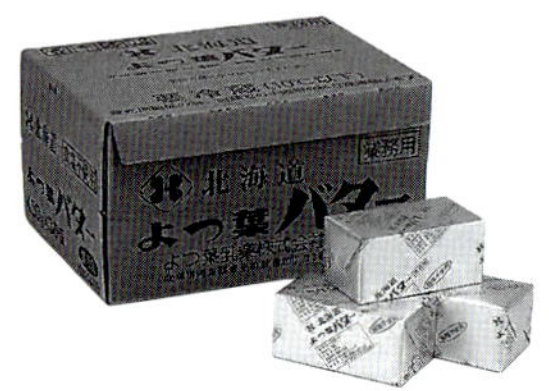

홋카이도 요츠바버터 무염(업소용)

특징 고품질의 홋카이도산 우유로 만들어, 입안에서 부드럽게 녹고 깊은 맛의 풍미를 가진 저수분 파운드버터이다. 저수분버터는 알맞은 경도를 가지면서도 잘 늘어나는 성질이 있어 크루아상, 페이스트리에 적당하다.
성분 유지방분 : 85.5%, 수분 : 13.4%
용량과 단위 450g×30개(※일반소매·소분 판매 불가능)

유키지루시유업주식회사
(雪印乳業株式会社)
업무제품사업부

주소 도쿄도 신주쿠구 혼시오초 13번지(東京都
新宿区本塩町13番地)
전화 03-3226-2138
팩스 03-3226-2102
www.meg-snow.com

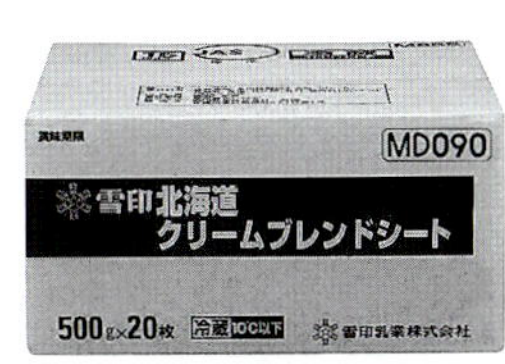

유키지루시홋카이도
크림 블렌드 시트 500G×20

특징 홋카이도의 신선한 생크림을 블렌딩한
마가린이다. 발효유를 넣어 발효 풍미가 오랫
동안 유지된다. 잘 늘어나 작업성이 좋은 시
트타입이다.
성분 유지방분 : 4.2%, 염분 : 1.0%, 식물성
지방분 : 63.2%
용량과 단위 500g×20(장), 상자 포장

아로마 드 시트 &
아로마 드 슬라이스

특징 버터와 우유의 풍미, 감칠맛 성분을 균
형 있게 배합한 마가린이다. 작업성이 좋으며
크루아상 계열의 빵을 바삭한 식감으로 만들
어준다. 유화제, 합성착색료 무첨가. 저트랜
스지방산 대응제품이다.
성분 염분 : 1%, 식물성지방분 : 80%
용량과 단위 시트 1kg시트×15, 15kg 상자
슬라이스 (500g시트×10)×2, 10kg 상자
단위는 각 지역 판매점(도매)에 문의하도록
한다.

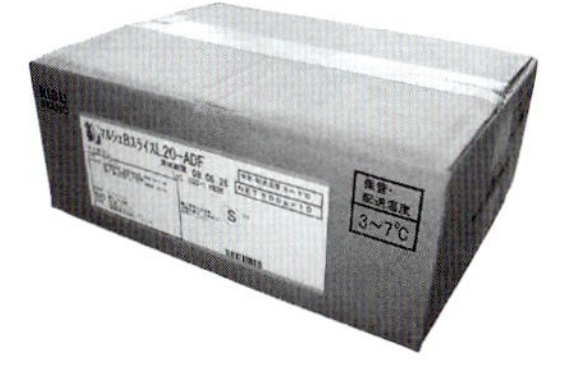

마르셰B 시트 L20-ADF &
마르셰B 슬라이스 20-ADF

특징 B는 브르타뉴(Bretagne)의 B이다. 프
랑스에서 높은 평가를 받는 브르타뉴산 발효
버터를 20% 배합한 마가린이다. 브르타뉴산
버터 사용인증서를 가게 이름을 넣어 발행해
준다. 유화제, 합성착색료 무첨가. 저트랜스
지방산 대응제품이다.
성분 버터분 : 20%, 염분 : 1%, 식물성·동물
성지방분 : 64%
용량과 단위 시트 1kg시트×15, 15kg 상자
슬라이스 (500g시트×10)×2, 10kg 상자
단위는 각 지역 판매점(도매)에 문의하도록
한다.

주식회사ADEKA
동일본식품영업부 판매1과

주소 도쿄도 아라카와구 히가시오구 7-2-35(東京都荒川区東尾久7-2-35)
전화 03-4455-2871
팩스 03-3809-8258
www.adeka.co.jp/food/index.html

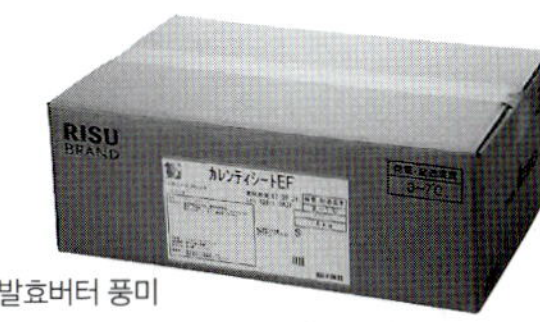

발효버터 풍미

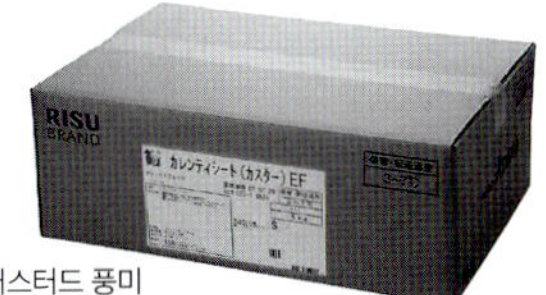

커스터드 풍미

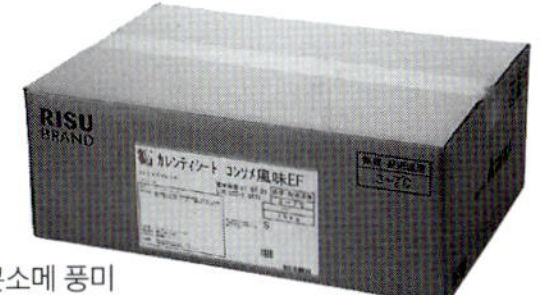

콘소메 풍미

카렌티시트 EF

특징 촉촉하고 씹는 느낌이 좋으며 가벼운
식감의 베이커리 제품에 알맞은 충전용 버터
이다. 은은한 발효버터의 풍미 외에도 커스터
드, 콘소메 풍미를 라인업하고 있다. 유화제,
합성착색료 무첨가. 저트랜스지방산 대응제
품이다.
성분 염분 : 1%, 식물성지방분 : 67~69%
용량과 단위 1kg시트×15, 15kg 상자
단위는 각 지역 판매점(도매)에 문의하도록
한다.

주소 홋카이도 에베쓰시 시노즈 183(北海道江別市篠津183)
전화 011-382-2155
팩스 011-383-9775
http://www.machimura.co.jp

마치무라농장 신선산양버터

특징 농장 창업 이래 90년 동안 품질을 유지해오고 있다. 간단한 제법으로 정성 들여 만든 버터의 향은 낙농품 특유의 산뜻함과 가벼움을 가진다.
성분 유지방분 : 85%, 염분 : 1%, 수분 : 약 12%
용량과 단위 200g 통조림(1개부터 배송)

200g 통조림

3000g 플라스틱통

마치무라 무염버터

특징 농장 창업 이래 90년 동안 품질을 유지해온 제법으로 만든 상품. 간단한 제법으로 정성 들여 만든 버터의 향은 낙농품 특유의 산뜻함과 가벼움을 가진다. 많은 조리인들로부터 높은 평가를 받고 있다.
성분 유지방분 : 85%, 수분 : 약 13.3%
용량과 단위 200g 통조림(1개부터 배송)
3000g 플라스틱통(1개부터 배송)

마치무라 발효버터(무염)

특징 무염버터와 함께 90년 동안 품질을 유지해온 제법으로 만든 2007년 제품이다. 유산균이 풍부하여 산뜻한 향을 가진다. 많은 조리인들의 지지를 받고 있다.
성분 유지방분 : 85%, 수분 : 약 13.3%
용량과 단위 200g 통조림(1개부터 배송)

주소 홋카이도 노쓰케군 베쓰카이초 베쓰카이 132-2(北海道野付郡別海町別海132-2)
전화 0153-75-2160
팩스 0153-75-2392
http://betsukai-milk.com

160g

100g

베쓰카이 버터야상

특징 오래전부터 나무통천(Churn)으로 직접 만들어 생산하고 있다. 대량생산할 수 없으며 하나하나 정성껏 만들고 있다. 저염타입으로 버터의 풍미가 좋고 부드러운 맛이 특징이다. 빵, 케이크, 과자 어떤 것을 만들어도 좋다.
성분 유지방분 : 80% 이상, 염분 : 0.7%, 수분 : 17% 이하
용량과 단위 100g×50개, 160g×50개, 1kg 업소용(주문생산)

베쓰카이 버터야상 발효버터

특징 유산균을 넣어 생산한 유럽 스타일의 버터이다. 나무통천으로 정성껏 생산한다. 풍미가 좋은 빵과 궁합이 좋다.
성분 유지방분 : 80% 이상, 염분 : 0.7%, 수분 : 17% 이하
용량과 단위 160g×50개, 1kg 업소용(주문생산)

크루아상의 기술

2018년 7월 23일 초판 1쇄 인쇄
2018년 7월 30일 초판 1쇄 발행

지은이 아사히야출판 편집부
옮긴이 용동희
감수 임태언

펴낸이 정상석
책임편집 송유선
마케팅 이병진
디자인 김보라
펴낸 곳 터닝포인트(www.diytp.com)
등록번호 제2005-000285호

주소 (03991) 서울시 마포구 동교로27길 53 지남빌딩 308호
전화 (02) 332-7646
팩스 (02) 3142-7646
ISBN 979-11-6134-024-1 (13590)

정가 23,000원

내용 및 집필 문의 diamat@naver.com
터닝포인트는 삶에 긍정적 변화를 가져오는 좋은 원고를 환영합니다.

이 도서의 국립중앙도서관 출판예정도서목록(CIP)은 서지정보유통지원시스템 홈페이지(http://seoji.nl.go.kr)와
국가자료공동목록시스템(http://www.nl.go.kr/kolisnet)에서 이용하실 수 있습니다.
(CIP제어번호: CIP2018019690)